특별한
상하이 여행

上海微旅行-漫游这座城



# 특별한
# 상하이 여행

초판발행　2018년 6월 12일
초판 2쇄　2020년 2월 10일

지은이　주페이송, CHIRU Travel editorial
옮긴이　임화영
펴낸이　채종준
기　획　박능원
편　집　김다미
디자인　박능원
마케팅　송대호

펴낸곳　한국학술정보㈜
주소　경기도 파주시 회동길 230 문발동
전화　031 908 3181 대표
팩스　031 908 3189
홈페이지　http://ebook.kstudy.com
E-mail　출판사업부 publish@kstudy.com
등록　제일산-115호2000. 6. 19

ISBN　978-89-268-8406-5 13980

# SHANGHAI Travel

## 특별한 상하이 여행

상하이 현지 여행 잡지 기자의
아주 특별한 가이드

주페이송 지음, CHIRU Travel editorial 엮음
임화영 옮김

이담 Books

*Preface*

책의 머리말을 써야 하는 시간이 되자 머리가 지끈거리기 시작했다. 이미 몇 달 전에 탈고한 원고의 머리말을 쓰기 위해서는 다시 오래전의 기억을 끄집어내야 하기 때문이다. 하지만 다행히도 상하이는 여전히 그 자리에 있었고, 크게 변하지도 않았다. 나는 천천히 기억을 더듬어 마음속 깊이 묻어 둔 상하이의 아름다운 모습을 하나씩 꺼내보기 시작했다.

책 속에는 상하이의 생생한 모습을 담았다. 그래서 언제 어디서라도 책을 꺼내본다면 눈앞에 상하이가 펼쳐진 듯한 느낌을 받을 것이다. 비록 글자를 읽는 것으로 상하이를 접하는 것이지만, 이 또한 색다른 여행이 될 것이다. 여행 역시 가끔 책을 읽는 것과 같을 때가 있다. 지금 읽고 있는 책의 다음 장에 어떤 내용이 나올지 알 수 없는 것처럼 여행도 다음에 어떤 장소가 어떤 모습으로 우리를 기다리고 있을지 짐작하기 어렵다.

나는 상하이에 대한 전부를 책에 담진 못했다. 하지만 상하이의 모든 것을 다 아는 사람도 드물 것이다. 그렇다면 차라리 하나씩 함께 상하이를 탐사하며 참모습을 알아 가는 것도 좋지 않을까 생각해 본다.

이 책은 하나에서 열까지 상하이에 관한 것을 다루고 있다. 시시때때로 변하는 다양한 상하이의 모습 속에서 소소한 것들을 모아 대작을 만들었다고 자부할 수 있다. 아마도 당신은 이 책에서 상하이의 일반적이며 잘 알려진 여행 일정을 찾아볼 수 없을 것이다. 예를 들어 청황먀오城隍庙에 가서 탕바오汤包를 먹는다든지, 둥팡밍주东方明珠에 올라가 아래가 훤히 내비치는 유리 바닥을 밟는다든지, 와이탄外滩에 앉아 지나가는 사람의 수를 세는 모습은 이 책에서 찾아볼 수 없다. 물론 잘 알려진 여행지역시 상하이의 모습일 것이다. 하지만 나는 독자들에게 비슷하게 짜여진 여행사의 투어 방식으로 상하이를 소개하고 싶지는 않았다. 그래서 누구나 알 만한 여행 경로가 아닌 상하이의 소소한 일상을 제대로 만끽할 수 있는 장소를 선정해 당신의 여행 일정을 채워주려고 했다. 이 책만 있으면 앞으로 일정때문에 고민하는 일은 없을 것이다. 독자들을 위해 상하이 여행 노선을 10개로 추려서 정리했기 때문이다. 지금쯤이면 아마 그 노선에 놓인 수많은 여행지가 당신을 애타게 기다리고 있을 것이다.

이 책에는 우리가 흔히 알고 있는 상하이의 랜드마크가 거의 등장하지 않는다. 혹시 있다고 해도 남들과는 다른 방식으로 그곳을 체험할 수 있게 소개했다. 이런 나만의 가이드 방식이 여행객 입장에서는 다소 낯설지도 모른다. 상하이 토박이들조차 잘 모르는 곳으로 이끌고 갈지도 모르니 말이다. 그렇다고 해서 그곳이 상하이를 상징하는 곳이 아니라고도 할 수 없다. 가끔은 하늘 높이 치솟은 고층빌딩 사이에 숨어 있는 아기자기한 장소나 상점이 상하이의 참모습을 보여 주기 때문이다. 나는 다만 상하이 구석구석에 숨겨진 판도라의 상자가 열려 여행객들이 진정한 상하이의 아름다움을 만끽하길 바랄 뿐이다. 그것은 프랑스 조계지에 있는 브런치 카페나 쑤저우허苏州河 주변의 옥상정원, 오래된 건물에 들어선 카페나 스쿠먼石库门, 상하이 전통

주택양식 내에 핀 화초일 수도 있다.

이곳에서의 일상은 상하이 문화의 단면이자 상하이 사람들의 라이프스타일이라고 할 수 있다. 신기하게도 이런 곳은 화려한 상하이 야경처럼 빛을 발하기도 하지만, 가끔은 한적한 골목길 속에 눈에 띄지 않게 숨어 있을 때도 있다. 물론 사람마다 상하이에 대해 느끼는 감정은 천차만별일 것이다. 따라서 이 책을 읽다 보면 자신도 모르는 사이에 나만의 상하이를 찾게 될지도 모른다.

그리고 지역마다 여행 노선도 미리 짜두었다. 독자들은 그저 책에 쓰인 대로 움직이기만 하면 된다. 그러면 예술적이고 고즈넉한 프랑스 조계지나 떠들썩하고 복잡한 공동 조계지에서부터 곧 새로운 모습으로 탈바꿈하게 될 낙후된 지역까지 상하이가 좀 더 생생한 모습으로 당신 앞에 나타날 것이다. 편리한 상하이의 교통수단을 이용한다면 훨씬 더 수월하게 그곳을 찾아갈 수 있지만, 가끔은 느긋하게 걸어 다니는 것도 괜찮다. 특히 오래된 시가지나 조용한 주택 지역을 한가롭게 거닐다 보면 주변의 아름다운 풍경에 푹 빠져 버릴지도 모른다. 거리에는 하늘을 뒤덮은 오동나무가 줄지어 있고, 오래된 건물 정원에는 아름다운 꽃과 초록빛 수풀이 우거져 있기 때문이다. 걷다가 지치면 편안한 노천카페 테라스에서 잠시 쉬었다 가면 된다. 게다가 책에 소개된 10개의 노선은 서로 연결되어 있어 이동하기에도 편리하다. 만약 여기에 조금의 상상력만 더한다면 자신만의 독특한 노선을 개발할 수도 있을 것이다.

이 책에 소개된 여행 노선은 독특하고 남다른 매력이 있지만, 상하이의 모든 것을 파헤치기에는 부족하다. 하지만 이것은 커다란 물동이에서 물 한 바가지를 퍼낸 것처럼 시작에 불과하다. 일단 한 바가지로 갈증부터 해결한 뒤에 조금씩 물을 퍼내듯 여러분이 직접 차근차근 여행지를 개발하는 것도 좋을 것이다. 앞으로 여러분이 더 많은 곳을 발견하고 체험하기를 바라며 이 글을 마친다.

SUNTORY.
SUNTORY.
SUNTORY.
三得利啤酒
三得利啤酒
三得利啤酒

烟杂店
坊146号
146
本店香烟都

# 형산루
# 쉬자후이

### 운치가 느껴지는 형산루



# 와이바이두차오
# 모간산루

### 산책하기 좋은 쑤저우허 주변

# 와이탄
# 런민 광장

한적한 곳에서 느끼는 진정한 상하이에서의 삶



# 융푸로
# 자오퉁대학

고택 밖의 트렌디한 라이프스타일



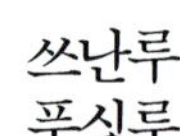

# 쓰난루
# 푸싱루

서양 건축에서 스쿠먼까지,
옛 상하이로의 회귀

# 루쉰 공원
# 베이와이탄
### 추억 속에서 탄생하는 새로운 삶



# 옌안둥루
# 원먀오루

### 마지막 고성

# 웨이하이루
# 쥐루루

### 화려한 도시의 뒷모습

화산루

华山路

구불구불한 오솔길에 난 오동나무 아래를
정처 없이 걷다 보면 아름다운 건물에
줄지어 있는 고품격 문화예술 상점들이
눈앞에 펼쳐질 것이다.

复兴西路

# 푸싱시루

MILL DE LIN

상하이 시쥐대학에서
연극예술센터까지,
거리 곳곳에 숨어 있는
문화예술의 정취

화산루에서 푸싱시루까지 이르는 길에는 품격 있는 문화예술의 거리가 조성되어 있다. 구불구불한 오솔길을 따라 오동나무 아래를 정처 없이 걷다 보면 아름다운 건물에 줄지어 있는 고품격 문화예술 상점들이 눈앞에 펼쳐질 것이다. 그뿐만 아니라 상하이 시쥐대학이라는 상아탑 안에서 예술에 청춘을 바친 젊은이들의 열정 어린 모습과 연극예술센터에서 뿜어져 나오는 짙은 문화예술의 정취도 만끽할 수 있다.

스타가 되겠다는 부푼 꿈을 안고 화산루의 상아탑에 발을 들여놓은 젊은 청춘들의 모습은 앳되고 순수해 보인다. 시쥐대학의 푸릇푸릇한 잔디밭 위나 고풍스러운 회랑回廊[1], 피아노 선율이 은은하게 울려 퍼지는 연주실 앞을 지날 때면 당신도 그들처럼 싱그러운 캠퍼스의 정취를 만끽하며 학생 시절로 되돌아간 듯한 느낌이 들 것이다. 그뿐만 아니라 캠퍼스 곳곳에 놓인 헨리크 입센Henrik Ibsen 이나 윌리엄 셰익스피어William Shakespeare 동상을 마주하고 있으면, 연극에 대해 열변을 토하고 있는 듯한 그들의 모습에 점점 빠져들게 된다.

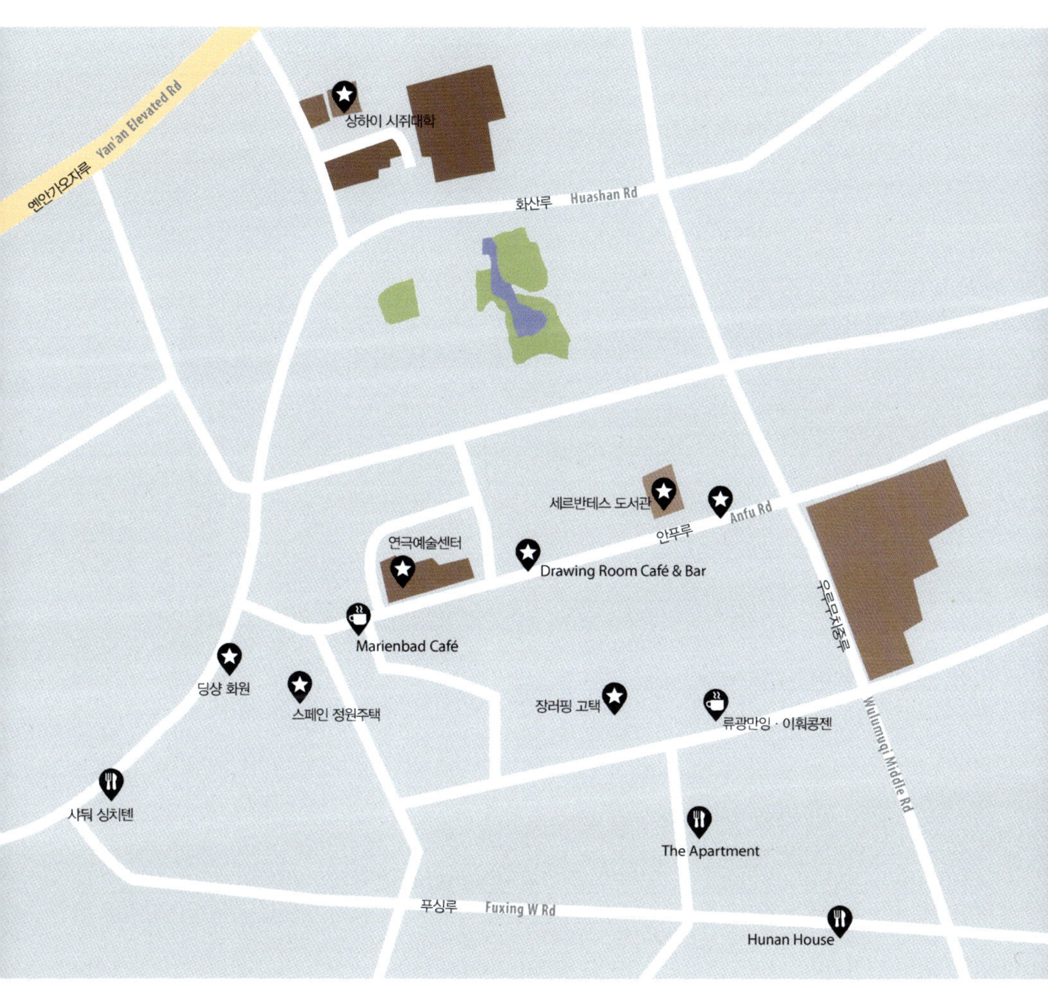


▶ 상하이 시쥐대학 → Drawing Room Café & Bar → Marienbad Café → 스페인 정원주택 → 딩샹 화원 → 샤둬 싱치톈 → Hunan House → The Apartment → 류광만잉 · 이훠콩젠 → 장러핑 고택 → 안푸루 ◉

OPeN LOCK 开锁
Make Key 修锁
Fix Lock 换锁芯
配锁匙
13917842748
ON-SUNDAY
lifestyle
SALE
OPeN LOCK 开
Make Key 修锁
Fix LoCK 换锁
配 钥匙

이처럼 다양한 문화예술의 정취를 만끽하며 자란 청춘들은 사회에 진출한 뒤에도 틈만 나면 연극 티켓을 손에 쥐고 줄기차게 안푸루安福路를 찾는다. 비록 예전과는 달리 지나치게 상업화되긴 했지만 이곳에만 오면 왠지 모를 편안함이 느껴지기 때문이다. 그들은 단지 커피를 마시거나 브런치를 먹기 위해서가 아니라 거리마다 숨겨진 재미난 이야깃거리를 파헤치거나 예술적인 연극을 보기 위해 이곳을 찾는다. 그리고 그들의 생기 넘치는 표정 속에서 세속적인 것과는 무관한 심오한 예술의 경지를 느낄 수 있을 것이다.

화산루나 푸싱루复兴路, 우위안루伍原路에 있는 아름다운 건물들은 어느 것 하나 특별하지 않은 것이 없다. 그래서 이곳에 오면 반드시 주위를 잘 살펴야 한다. 오래된 건물을 드나들다가 행여나 중국 문화예술계 유명인사와 마주칠 수도 있으니 말이다. 그뿐만 아니라 조금만 더 세심하게 살펴보면, 이 문화예술의 거리와 관련된 감동적인 스토리도 발견할 수 있을 것이다.

*1* 건축의 주요 부분을 둘러싸고 있는 지붕이 있는 복도를 뜻한다.

눈이 즐거운
캠퍼스 체험

# **상하이** 시쮜대학

---

上海戏剧学院
上海市静安区华山路630号

만약 눈이 즐거운 여행을 하고 싶다면 상하이 시쮜대학으로 가 보자. 아름다운 신구新舊 건축물이 캠퍼스 잔디밭 위나 정원, 오솔길 사이사이에 들어서 있어 볼거리가 많기 때문이다. 좀 더 자세히 살펴보면 긴 머리를 찰랑거리며 지나가는 예쁜 여학생들과 멋진 자태를 뽐내며 캠퍼스 곳곳을 누비는 남학생들도 눈에 띌 것이다. 혹시 그중에서 리빙빙李冰冰[1]의 뒤를 이을 만한 유명 연예인이 나올지 누가 알겠는가!

화산루华山路 쪽으로 난 시쮜대학의 정문은 바로 앞에 광장이 있어 훨씬 더 넓어 보인다. 정문에 서서 안쪽을 바라보면 붉은색과 흰색으로 장식된 낡은 건물 하나가 눈에 띈다. 이 건물은 시쮜대학에서 가장 유명한 슝포시러우熊佛西楼로 정문에서 조금만 걸어 들어가면 바로 나온다. 슝포시熊佛西는 상하이 시쮜대학의 설립자로 건물 맞은편에는 그의 동상도 세워져 있다. 마치 그곳에서 자신이 설립한 대학을 묵묵히 바라보고 있는 듯한 모습이다. 동상 앞에는 아직도 누군가가 꽃을 바치며 그의 숭고한 업적을 기리곤 한다.

슝포시러우는 벽돌과 목재를 사용한 건축으로 바깥쪽 외벽에는 주로 푸른 벽돌과 붉은 벽돌을 쌓아 올렸다. 그리고 건물 위쪽에는 완만하면서도 대담한 디자인의 지붕이 얹혀 있다. 가장 마음에 드는 부분은 바로 건물을 둘러싸고 있는 울타리와 널찍한 회랑이다. 햇빛이 들 때면 울타리 그림자가 회랑 바닥에 비쳐서 아름다운 실루엣을 만든다. 슝포시러우 옆의 부속 건물 외벽도 슝포시러우와 같은 구조이지만, 창틀에 여러 가지 기하학 도형을 늘어놓은 것처럼 다양한 형태로 꾸며져 있다. 건물 앞에 심어진 금귤 나무에는 열매가 주렁주렁 열려서 무척 탐스러워 보인다. 마치 금귤 하나하나가 학생들의 노력의 결실처럼 풍성하게 매달려 있다.

슝포시러우는 원래 독일인이 자주 드나들던 컨트리클럽으로 주로 20세기 상하이 상류사회 사람들의 사교장으로 이용되던 곳이다. 중국 현대 작가인 장아이링張爱玲도 이곳에서 애증으로 뒤얽힌 이야깃거리를 많이 남겼다고 한다. 그녀의 소설 속에도 이 건물을 묘사한 장면이 자주 등장한다.

슝포시러우 맞은편에는 새로 지은 공연장이 있고, 바로 옆에는 드넓은 광장과 쉴 새 없이 흐르는 인공 폭포가 있다. 그리고 주변에 심겨진 나무들이 아늑한 그늘을 만들어 마치 아래에 놓인 동상을 포근하게 감싸고 있는 듯하다. 나무 아래에 세워진 여러 동상은 연극계에서 막강한 영향력을 행사하던 유명인사들이다. 다들 대단한 인물이긴 하지만 셰익스피어 같은 대문호와 견줄 정도는 아니다.

슝포시러우를 뒤로하고 캠퍼스 안쪽 깊숙한 곳으로 들어가면 넓은 잔디밭과 대학 본관 건물이 나타난다. 이 건물은 슝포시러우와 비슷한 분위기지만 규모는 훨씬 더 크다. 그리고 건물에 앞에 펼쳐진 넓은 잔디밭은 마치 초록빛 융단을 깔아 놓은 것처럼 아름답다. 잔디밭 위에 세워진 철골 구조의 추상적인 현대 조각상과 토템을 상징하는 고풍스러운 석상은 그곳에서 묵묵히 캠퍼스를 지키고 있는 듯하다. 학생들은 각자 마음에 드는 곳에 자리를 잡고 여유로운 한때를 보낸다. 이렇게 아름다운 풍경이라면 잔디밭 위를 거닐기만 해도 그저 좋을 것만 같다.

안쪽으로 조금 더 들어가면 캠퍼스의 가장 구석진 곳이 나온다. 이곳에도 역시 눈여겨볼 만한 오래된 건물과 잔디밭 정원이 있다. 서로 마주 보고 있는 아담한 건물 두 채는 지금까지 본 건물들과는 완전히 다른 분위기를 풍긴다. 그중에서도 자갈로 마감 처리된 외벽과 건물 중간에 설치된 넓은 발코니가 가장 눈에 띈다. 만약 봄철에 이곳을 방문한다면 건물 주변에 만개한 분홍빛 꽃들을 마음껏 감상할 수 있을 것이다. 꽃들은 회색빛 건물과 묘하게 조화를 이루어 더욱 운치 있는 분위기를 만든다.

내가 상하이 시쥐대학을 방문했을 당시 봄기운이 완연했다. 캠퍼스 내부 어느 곳을 가든 싱그러운 초록빛 나무와 알록달록하게 핀 꽃들을 볼 수 있었다. 만약 이러한 풍경으로도 만족할 수 없다면 햇살 가득한 연주실로 가 보자. 연주실 앞 잔디밭 근처에는 길고양이에게 먹이를 주는 곳이 있다. 그곳에 가면 어슬렁거리며 먹이를 찾는 길고양이와 마음씨 착한 여학생들이 길고양이에게 먹이를 주며 함께 노는 모습을 감상할 수 있다. 이런 모습이야말로 시쥐대학의 진정한 봄 풍경이라고 할 수 있다.

*1* 상하이 시쥐대학을 졸업한 중국 여배우이다.

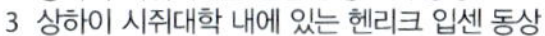

1 상하이 시쥐대학의 카를로 골도니Carlo Goldoni 동상
2 상하이 시쥐대학을 설립한 슝포시 동상
3 상하이 시쥐대학 내에 있는 헨리크 입센 동상

루프톱에서 바라보는
아름다운 풍경

# Drawing Room
Café & Bar

---

上海市徐汇区安福路284号

안푸루安福路에 새롭게 등장한 레스토랑으로 붉은 벽돌로 지어진 건물 3, 4층에 위치하고 있다. 원래 인민예술극단人民艺术剧院으로 사용되던 건물이지만, 지금은 상가들로 빼곡히 들어차 있다. 건물은 신기한 형태로 층계의 하얀 담벼락이 건물 안쪽에서 바깥쪽까지 쭉 이어져 있다. 담벼락은 바깥쪽 벽을 지나 사람들이 지나다니는 길가까지 뻗어 있다. 층계를 따라 위로 올라가면 유리창으로 만들어진 벽면이 보인다. 그 앞에 서면 유리창 너머로 아름다운 정원주택 한 채가 눈에 들어온다. 나는 Drawing Room Café & Bar에 다녀오고 난 뒤에서야 그 집이 사람들에게 잘 알려진 붉은 벽돌집이라는 것을 알게 되었다.

맨 꼭대기 층은 원래 이 건물의 옥상이었는데, 개조를 통해 멋들어진 루프톱 레스토랑으로 재탄생했다. 뒤편 한쪽 구석에는 온실처럼 꾸며진 공간이 있어 눈이나 비가 올 때도 식사할 수 있다. 하지만 무엇보다도 아름다운 정원주택을 바로 눈앞에서 실컷 감상할 수 있다는 점이 가장 마음에 든다.

옥상 공간 대부분은 노천카페로 꾸며져 있어 날이 좋으면 많은 사람이 이 자

리로 모여들곤 한다. 프랑스 조계지[1] 중에서 한겨울과 한여름을 제외하고는 따뜻한 햇볕을 쬐기에 이만한 곳이 없기 때문이다. 앞쪽에는 녹음이 우거진 나무들 사이로 우뚝 솟아 있는 쥐보라이쓰 아파트巨拨来斯公寓가 보이고, 뒤쪽에는 귀엽고 아기자기한 붉은 벽돌집이 자리 잡고 있어 경치도 무척 좋다. 붉은빛과 초록빛이 어우러진 이곳에 앉아 조용히 책을 읽거나 주변에서 들리는 소리에 가만히 귀를 기울여 보는 것도 제법 괜찮을 것 같다.

이곳은 원래 카페였기 때문에 주로 디저트류나 간단하게 먹을 수 있는 요리를 판매한다. 그래서 근처 공연장에서 티켓을 예매한 다음에 간단하게 차를 마시며 기다리기에 안성맞춤이다. 혹시 여성이라면 주인이 직접 운영하는 아래층의 네일 숍에서 손톱을 손질하는 것도 괜찮을 것이다. 경치 감상이나 네일 케어를 받는 것 말고도 건물 내부의 인테리어를 감상하는 것도 추천할 만하다.

1 주로 개항장開港場에 외국인이 자유로이 거주하며 치외법권을 누릴 수 있도록 설정한 구역이다.

귀 기울여 들어 보는
연극배우들의 이야기

Marienbad Café

上海戏剧学院
上海市静安区华山路630号

안푸루가 연극으로 유명해지면서 Marienbad Café도 핫플레이스가 되었다. 이곳은 안푸루에 가장 처음 생긴 카페로 문학청년들과 문예계 종사자들이 여기에 자주 들르면서 이곳에도 자연스럽게 색다른 문예 풍조가 깃들게 되었다. 그래서 이곳을 모른다면 문학청년이라고 할 수 없을 정도이다.

사실 카페 내부는 이렇다 할 만한 고급스러운 분위기가 아니다. 낡은 소파는 오래돼서 앉은 자리가 살짝 꺼져 있고, 천장에 벽지 대신 발라둔 영자신문도 해 묵어서 몹시 낡아 있다. 실내 공간도 협소해서 북적거리는 곳은 주로 야외자석이다. 하지만 다행스럽게도 케이크 위에 뿌려진 치즈에서는 여전히 감칠맛을 느낄 수 있고, 바닷소금 커피에서도 예전과 같은 깊은 풍미가 느껴진다.

**Marienbad Café**의 외관은 낡고 초라하지만, 이곳은 그동안 무수히 많은 문학가의 입을 통해 널리 알려진 곳이다. 온라인에서 작가로 잘 알려진 저우자닝周嘉宁은 예전에 이곳에서 두 달 동안 접시 닦는 일을 했다고 한다. 연극배우 진스제金世杰는 샷 다섯 개가 추가된 이곳의 에스프레소를 즐겨 마신다고 했다. 그리고 멍징후이孟京辉, 린자오화林兆华, 리안李安도 모두 이곳을 스쳐 간 유명인사이다.

소박하면서도 느긋한 문예 분위기를 간직하고 있는 이곳에서 커피를 마시다가 행여나 유명인사를 만나더라도 들뜨지 말고 부디 자중하길 바란다. 아까운 커피를 쏟아 버릴 수도 있으니 말이다.

아름다운 집이
들려주는 이야기

## 스페인 정원주택

———
上海市徐汇区武康路40弄

우캉루武康路의 현재 모습은 예전과 크게 다르지 않다. 우캉루 40눙弄[1]에 있는 스페인 정원주택이 바로 그 예이다. 이 건물은 1930년대에 지어졌다. 사실 40눙 내에 있는 건물 대부분은 중국의 유명한 건축 디자이너 둥다유董大酉가 지은 것이다. 그가 이곳에 지은 건물들에서 스페인풍 건축양식을 찾아볼 수 있다.

이런 종류의 건축은 대부분 외벽이 거칠고 누런빛을 띤다. 그리고 붉은빛을 띤 둥근 기와가 마치 물결처럼 경사진 지붕을 덮고 있어 누런 외벽과 선명한 대비를 이룬다. 처마를 잘 살펴보면 끝부분이 톱날 모양의 테두리를 두른 듯하다. 그래서 이곳에 햇빛이 들 때면 처마 끝 벽면에 아름다운 실루엣이 만들어진다. 내전각內轉角[2] 아래에는 기다란 창문이 위아래로 있고, 출입문은 기둥까지 정교한 조각으로 장식되어 있다. 문 앞에 놓인 낡고 오래된 가스등은 고풍스러운 분위기를 풍기고, 문 옆에는 유럽 스타일의 우편함이 잘 보존되어 있다.

이 골목의 집들은 대개 남북 방향으로 늘어서 있고, 길가에는 공동으로 사용하는 작은 정원이 있다. 정원 안에는 붉은빛이 도는 단풍잎과 초록빛이 선명한 오동나무, 시원하게 쭉쭉 뻗어 있는 파초 잎사귀, 철마다 알록달록 피어나는 예쁜 꽃들이 서로 조화를 이루어 한 폭의 그림 같은 풍경을 만든다. 이 골목길에 사는 한 어르신은 날마다 빨래를 걷고 나면 정원 손질에 나선다고 한다. 이 일은 그가 수십 년간 하루도 빼놓지 않고 해 온 소일거리이자 유일한 낙이다.

아름다운 정원이 있는 이 주택골목에서는 걸출한 인물이 적잖게 배출되었다. 중국 근대 의학자이자 공중 보건의학 전문가였던 옌푸칭颜福庆은 1943년부터 1950년까지 이 골목에 있는 4호 주택에서 거주했다. 그리고 1호 주택은 중화민국 최초의 국무총리였던 탕사오이唐绍仪의 옛집이기도 하다. 탕사오이는 마지막 생을 이곳에서 보냈다. 당시는 항일전쟁 시기로 상하이는 이미 일본군에게 함락된 상태였다. 탕사오이는 당시 중국 정치계에서 영향력이 큰 인물이었기 때문에 각계각층에서 그를 영입하려고 경쟁을 벌이기도 했다. 일본인들조차 그를 자신의 편으로 끌어들여 꼭두각시로 삼기 위해 음모를 꾸밀 정도였다. 하지만 탕사오이는 태도를 분명하게 하지 않고 줄곧 관망하는 자세만 취했다. 그가 계속 불분명한 태도를 보이자 충칭重庆에 있는 장제스蒋介石[3]는 차라리 그를 암살하는 것이 낫겠다고 결정했다. 마침내 골동품상으로 가장한 국민당 특수요원이 탕사오이에게 접근하여 그를 이 정원주택에서 찔러 죽였다고 한다.

---

1 능이란 중국 행정구역의 최소 단위 중 하나이다.
2 처마와 처마가 마주하는 부분을 전각轉角이라고 하는데, 내전각은 모서리 안쪽 부분을 가리킨다.
3 중국 국민당 총재이자 타이완 초대 총통을 역임한 사람이다.

집안 깊숙이 숨겨 둔
비밀의 화원

# **딩샹** 화원

———

丁香花园
上海市静安区华山路849号

"리훙장李鴻章[1]의 일곱 번째 첩은 '딩샹丁香'이라고 불리는 여인이다. 리훙장은 딩샹을 매우 총애하여 화산루华山路에 아름다운 뜰이 있는 집을 지어 그녀를 집 안에 감춰 두었다. 그 집이 바로 딩샹 화원이다."

이 이야기는 예로부터 상하이에 전해 내려오는 전설이다. 사실 리훙장에게는 7번째 첩도 없었으며 그가 직접 딩샹 화원을 지은 적도 없다. 하지만 화산루의 짙게 우거진 나무 그늘 사이에 딩샹 화원이 자리 잡고 있는 것만은 분명한 사실 이다.

이 이야기가 드라마틱한 전설에 불과하더라도 딩샹 화원은 상하이의 명물로 계속 남아 있을 것이다. 왜냐하면 딩샹 화원은 상하이의 뛰어난 건축물 중 하나 일 뿐만 아니라 리훙장 가족과도 밀접한 관련이 있는 곳이기 때문이다. 믿을 만 한 소식에 따르면 딩샹 화원을 짓기 훨씬 전부터 그 땅의 소유권은 리훙장에게 있었다고 한다. 그가 죽은 후에 얼마 되지 않는 재산과 유가증권은 모두 서출인

中粵軒
上海丁香花園

어린 아들 리징마이李经迈에게 상속되었고, 유산을 상속받은 리징마이는 아버지가 물려준 땅에 딩샹 화원을 지었다. 그 후 리훙장의 아들은 사업에 성공하여 당대 최고의 갑부가 되었으며, 1940년에 세상을 떠날 때까지 줄곧 딩샹 화원에 머물었다고 한다.

딩샹 화원은 집주인과 관련된 전설적인 이야기뿐만 아니라, 건물 자체만으로도 상하이 건축의 백미로 잘 알려져 있다. 따라서 이곳은 화산루를 찾는 사람들에게 볼거리를 제공해 주는 당대 최고의 건축이라고 할 수 있다. 19세기 말 미국의 유명한 건축가 로저스Rogers가 설계한 이 건물은 동양과 서양의 장점을 잘 융합해서 지었다. 서양식 건물에 중국식 정원을 조화롭게 배치하여 요즘 보기 드문 걸출한 건축물을 탄생시킨 것이다.

내부로 들어가 보면 정원에는 아름다운 정자와 누각이 지어져 있고, 연못 위에는 작은 다리가 놓여 있다. 좀 더 자세히 살펴보면 연못 한 귀퉁이에 몸을 도사리고 있는 듯한 엎드린 용 모양의 담장도 발견할 수 있을 것이다. 정원 안에 있는 성성한 나무들은 하늘 높이 솟아 있고, 파릇파릇한 풀들은 무성하게 자라 있어 완연한 봄기운을 느낄 수 있다. 아쉽게도 몇몇 지역은 관광객이 드나들 수 없도록 '출입금지'라는 팻말을 붙여 놓았지만, 음식점으로 사용하는 건물은 아무 제재 없이 무난하게 드나들 수 있다.

딩샹 화원 내부에 있는 1~3호 건물 중에서 1호와 3호 건물은 영국 시골 마을 분위기를 풍기고, 2호 건물은 현대적인 정원주택 양식이 고스란히 드러난다. 전반적으로 이곳의 모든 건물은 19세기 말부터 20세기 초까지 전 세계적으로 유행했던 호쾌하면서도 참신한 건축양식을 잘 표현하고 있는 듯하다.

작은 오솔길 위에 떨어진 녹나무 잎을 밟으며 천천히 걷다 보면 이곳의 건축물을 좀 더 자세하게 관찰할 수 있다. 초록빛 나무 사이로 보이는 한 건물은 각진 사다리꼴과 둥근 반원 형태가 좌우 대비를 이루는 구조로 설계되어 있다. 그리고 돌계단 위의 기둥식 포치Porch[2]는 과거의 위풍당당했던 모습을 그대로 간직하고 있는 듯하다. 짙은 색으로 칠해진 목조 부분은 건물의 윤곽을 잘 드러내 편안하면서도 경쾌한 느낌이 난다. 위를 보면 크고 작은 경사면과 뾰족한 지붕, 중후해 보이는 지붕창이 리드미컬한 건축양식을 제대로 표현하고 있다. 개인적으로 인상 깊은 점은 서양식 건물에 중국적인 요소가 군데군데 가미되어 있다는 것이다. 예를 들어 건물 남쪽 외벽에 위아래 두 층으로 설치된 중국식 회랑이나 아래층 차양 위에 장식된 중국 전통의 금전金錢 문양 등이 바로 그렇다.

현재 딩샹 화원은 싱궈 호텔兴国宾馆에서 관리하고 있다. 이곳에 있는 건물 세 채 중 하나는 음식점으로 사용하고, 나머지 두 채는 원로 간부들이 사용하도록 내어 주었다고 한다. 산책하기 좋은 딩샹 화원의 오솔길을 따라 이리저리 걷다 보면 시골 마을 분위기가 물씬 풍기는 건물 뒤편에 다다를 수 있다. 그곳에도 역시 오래된 주택 몇 채와 넓은 잔디밭이 있다. 하지만 이 건물은 현재 관련 기관의 사무실로 사용되고 있어 함부로 들어갈 수 없다. 괜히 들어갔다가 깐깐한 관리책임자에게 들키기라도 한다면 그가 엄한 표정으로 당신에게 "아웃Out"을 외쳐댈 것이다. 물론 밖에서 몇 번 몰래 훔쳐보았다고 해서 크게 문제될 것은 없다. 하지만 이렇게 엄격하게 출입을 통제하는 것을 보니 이곳이야말로 진정한 여성의 비밀정원이 아닐까 하는 의구심이 들었다.

---

1 청나라 말기 관리이자 정치가이다. 태평천국太平天国의 난을 진압하는 데 앞장섰으며 양무운동洋务运动을 주도했다.
2 건물의 현관이나 출입구 바깥쪽에 튀어나와 지붕으로 덮인 부분이다.

낮은 곳에서 바라보는
푸싱루

## 샤둬 싱치톈

———

夏朵星期天
上海市徐汇区复兴西路246号

딩샹 화원丁香花园 근처에는 '샤뒤 싱치톈'이라는 유명 레스토랑이 있다. 화산루华山路와 푸싱시루复兴西路 길모퉁이 대부분을 차지하고 있어서 찾기 쉽다. 이 레스토랑은 세 부분으로 나누어져 있는데, 특이하게도 구역마다 다른 요리를 판매하고 있다. 그중 '샤뒤夏朵, Chartres'라고 불리는 두 구역에서는 각각 프랑스와 이탈리아 요리를 선보이고 있다. 나 역시 상하이 골목 귀퉁이에 자리한 정원주택 건물에서 프랑스의 고상한 품격과 이탈리아의 로맨틱한 분위기를 만끽하게 될 줄은 전혀 예상하지 못했다.

나머지 구역는 '싱치톈星期天'이라는 음식점이 있다. 이곳에서 판매하는 음식은 어떤 종류라고 딱 꼬집어 말하기는 어렵다. 간단한 음료나 디저트류를 판매하고 있는 것을 보면 아마도 프랑스 가정식 만찬 요리의 일종인 듯하다. 아무튼 이곳에 오면 떠들썩하고 화기애애한 분위기를 느낄 수 있다.

이곳에서 가장 신기한 곳은 건물 밖 창가에 위치한 썬큰식Sunken式[1] 복도 공간이다. 네다섯 걸음 정도 너비의 이 공간은 왜 이렇게 만들었을까 싶을 정도로 비좁다. 한 사람이 겨우 지나다닐 수 있을 정도라서 만약 몸집이 큰 사람과 마주친다면 지나가기 힘들지도 모른다.

이 작은 공간은 지면 아래에 있기 때문에 이곳에 있으면 시선이 지면과 평행을 이루게 된다. 그래서 이곳에 앉아 있으면 거리를 지나다니는 사람들의 다리만 보여 마치 한 편의 유럽 예술 영화를 보는 듯하다. 과연 다른 각도에서 바라보는 시선이 미학에 어떤 영향을 미칠까? 그 답을 알고 싶다면 이곳에 와서 커피 한 잔을 마시며 직접 판단하는 것도 괜찮을 것이다.

---

*1* 'Sunken'은 '움푹 들어간, 가라앉은'을 의미한다. 지하에 자연광을 유도하려고 대지를 파내고 조성한 곳을 뜻한다.

후난 할머니의
그리운 손맛

# **Hunan** House

---

上海市徐汇区复兴西路49弄2号
우루무치루烏魯木齊路 부근

신기한 비밀이 숨겨져 있을 것 같은 푸싱루复兴路의 골목에서 가끔 뜻밖의 장소를 발견할 때도 있다. Hunan House도 그런 곳 중 하나이다. 이곳은 후난루湖南路와 가깝기도 하고, 주로 후난 요리를 판매하고 있기 때문에 Hunan House라고 불리게 되었다. 기름지고 강한 맛이 주를 이루는 상하이에서 후난湖南[1]의 맛을 제대로 살린 곳은 아마 이곳밖에 없을 것이다.

다소 초라해 보이는 골목길을 지나 음식점 안으로 들어서면 예상치 못한 광경에 깜짝 놀랄 것이다. 화려한 나선형 목조 계단이 한쪽에 설치되어 있고, 붉은 플란넬Flannel 천이 씌워진 고급스러운 의자가 음식점 곳곳을 가득 메우고 있기 때문이다. 그리고 테이블 위에 놓인 투명한 와인 잔에는 촛불이 비쳐 음식점 내부를 더욱 매혹적으로 보이게 한다.

"바Bar나 레스토랑 같아 보이는데, 누가 여기서 후난 요리를 판다고 생각할까?"이곳을 방문한 손님 대부분은 아마 이런 말을 하며 감탄할 것이다. 하지만 이곳은 후난 요리를 파는 곳이 확실하다. 음식점의 주인은 예상대로 후난 출신

N° 5
CHANEL
PARIS
PARFUM

이었고, 어릴 적 할머니의 손맛을 추억하기 위해 후난 요리 전문점을 열게 되었다고 한다. 후난성 안화현安化县에서 온 그녀는 고향을 떠난 지 오래되었지만, 할머니가 만들어 준 음식 맛만은 여전히 기억하고 있다.

Hunan House는 마치 불사조와 같다. 시간과 공간을 초월한 것처럼 보이기 때문이다. 할머니가 있었던 그 시간도, 그 장소도 아니지만 신기하게 할머니의 손맛이 느껴지는 매콤한 음식과 고향집 같은 아늑함만은 여전하다. 하지만 후난의 맛을 상하이 사람들의 입맛에 맞추려면 약간의 변화가 필요했다. 할머니가 만든 것처럼 엄청나게 맵게 만들면 상하이 사람들은 입도 대지 못할 것이 분명했기 때문이다. 그래서 후난 요리에 주로 쓰이는 매운 고추는 구색만 갖출 정도로 넣어 적당히 매콤해서 먹을 만하다. 마치 무림고수가 무술 시합을 할 때 필살기를 보여 주면서도 상대방을 다치지 않게 하는 그런 방식이다.

이곳에 가면 아마도 레이 체쯔撻茄子[2]를 가장 먼저 맛보게 될 것이다. 가지를 정성스럽게 무쳐서 느끼하지 않고 맛도 좋다. 먹으면 부드러우면서도 개운한 뒷맛이 느껴지는데, 아마도 아삭아삭한 고추와 부드럽게 쪄낸 가지가 잘 어우러지면서 나는 맛인 듯하다.

이곳 음식의 매운맛은 상하이 사람들 입맛에 딱 들어맞는다. 특히 사람들이 즐겨 찾는 쌍써 위터우双色鱼头[3]는 절인 고추를 넣어서 만들기 때문에 매운맛이 서서히 올라온다. 이 때문에 사람들은 매운맛에 점차 빠져든다. 이곳의 중독성 강한 매운맛은 오랜 연구 끝에 만들어진 것이라고 한다. 매운 것을 잘 먹지 못하는 사람이라도 이 요리를 먹는다면 그 맛에 홀딱 반해 나중에는 매운 것만 찾게 될지도 모른다.

이외에도 쯔란 파이구孜然排骨, 서우쓰 바오차이手撕包菜, 아첸 뉴러우牙签牛肉[4] 등은 후난 하우스에서 꼭 맛봐야 할 요리들이다. 이것 역시 거부감이 느껴지지 않을 정도로 매콤해서 안심하고 먹을 수 있다. 은근히 중독성 있는 이런 매운맛이야말로 후난 할머니의 손맛이 상하이에서 인기를 끌게 된 진짜 이유라고 할 수 있다.

1 중국 남동부에 위치한 성省이다.
2 찐 가지에 간장, 마늘, 고추 등을 넣고 무친 요리이다.
3 생선 머리에 두 가지 고추 양념을 넣고 찐 요리이다.
4 쯔란 파이구는 중국의 대표 향신료인 쯔란을 뿌려서 구운 돼지갈비이다. 서우쓰 바오차이는 양배추를 손으로 대충 찢은 다음 고추, 마늘, 간장 등을 넣고 볶은 요리이고 아첸 뉴러우는 양념한 소고기를 이쑤시개에 끼워 기름에 볶은 요리이다.

쯔란 파이구

아첸 뉴러우

서우쓰 바오차이

숲의 바다에서 만끽하는
한가한 오후

# The Apartment

———

上海市徐汇区永福路47号302室
푸싱시루 复兴西路  부근

The Apartment는 옛 프랑스 조계지 건물 사이에 숨은 듯 자리 잡고 있다. 이곳은 뉴욕이나 런던에서 한창 유행하던 '로프트Loft' 스타일에서 영감을 얻은 레스토랑이다.

레스토랑은 구역마다 독특한 형태의 룸으로 꾸며져 있다. 다양한 손님의 취향을 만족시킬 수 있는 인테리어 덕분에 마치 집에 온 듯한 편안함마저 느껴진다. 3층으로 올라가면 7~8 $m^2$ 크기의 야외 테라스가 나온다. 곳곳에 하얀 원목 테이블이 놓였고, 테라스 중앙에는 아기자기한 화단이 꾸며졌다. 화단 가장자리에는 자줏빛 스툴형 소파가 있어 편히 쉬기에 좋다. 그리고 테라스 주변에는 아름답게 장식된 하얀 조명등이 달려 있어 지중해의 작은 섬을 떠올리게 한다.

레스토랑 건물 주변에는 커다란 나무들이 마치 레스토랑을 둘러싸듯이 있다. 나무 꼭대기가 건물 3층 높이와 맞먹을 정도여서 야외 테라스에 앉아 있으면 마치 초록빛 바다에 와 있는 듯한 느낌이 든다. 심지어 주변 나무들보다 키가 큰 몇몇 나무는 해수면을 뚫고 우뚝 솟아난 초록색 탑처럼 보이기도 한다. 그리고 저 멀리 있는 붉은 벽돌집은 보일 듯 말 듯 초록빛 바다에 파묻혀 있어 지켜보는 사람들의 애간장을 태운다.

이곳처럼 시야가 탁 트인 곳은 상하이 비즈니스 센터 빌딩 숲과는 또 다른 느낌이다. 싱그러운 자연 속에서 여유를 만끽하고 싶다면 프랑스 조계지를 산책하다가 주의 깊게 주변을 살펴보자. 그러면 고즈넉해 보이는 어느 거리에서 낭만으로 가득 찬 이 레스토랑을 발견할 수 있을 것이다.

만약 오후에 이곳을 찾았다면 스페셜 음료나 칵테일을 주문하는 것도 괜찮다. 야외 테라스에서 조용하고 아늑한 오동나무 숲을 감상하면서 마신다면 금상첨화일 것이다. 음료를 주문한 뒤 마음에 드는 자리에 앉아 친구들과 얘기를 나누거나 혼자서 조용하게 책을 읽어도 좋다. 어느 쪽이든 이곳에서는 진정한 프랑스식 여유를 즐길 수 있기 때문이다.

*1* 공장, 창고를 개조해서 만든 아파트, 작업실 등을 가리킨다.

정원주택 안의
생활 예술가

# 류광만잉 · 이훠콩젠
LGMY Art Live Space

流光漫影 · 艺活空间
上海市徐汇区五原路250号

만약 반복적인 일상에 무료함을 느끼고 있다면 오동나무 숲 사이에 숨어 있는 류광만잉·이훠콩젠으로 가 보자. 노란 철문을 열고 안으로 들어서는 순간 예상치 못한 또 다른 세상이 펼쳐질 것이다.

몇 년 전, 광고 일을 하던 두 남녀 샤오 위小鱼와 라오 장老张은 자신들의 꿈을 실현할 적당한 가게를 찾기 위해 열심히 이곳저곳을 돌아다녔다. 천편일률적인 프랜차이즈 사업을 원하지 않았던 그들은 자신들의 독특한 개성이 잘 드러날 수 있는 공간을 간절히 원했다. 그러던 어느 날 우연히 계수나무가 우거진 작은 정원주택을 발견하게 되었다. 주택을 둘러본 순간 이곳이야말로 지금껏 그들이 원하던 독특한 공간이라고 확신했다.

그들은 이곳에 터를 잡은 뒤에 제일 먼저 작은 정원부터 깨끗하게 치우기 시작했다. 그리고 계수나무 아래에 아무런 장식이 없는 커다란 원목 테이블을 가져다 놓았다. 그러자 커다란 계수나무 가지가 원목 테이블 위를 온통 초록빛으로 뒤덮어 버렸다. 따사로운 햇볕이 내리쬐는 오후가 되면 잎이 무성한 계수나무 가지가 아늑한 그늘을 만들어 주기도 한다. 맞은편에는 차양을 쳐서 예쁘게 꾸민 공간을 마련했다. 이곳에 앉아 있으면 차양 천장에 설치된 유리창을 통해 따뜻한 햇볕을 쬘 수도 있고, 비가 들이치는 것을 막을 수 도 있다. 독특한 디자인으로 꾸며진 이 작은 공간은 크리에이티브 디렉터Creative Director들이 즐겨 찾아 마치 그들의 제2의 작업실이 된 듯하다.

카페 내부 공간은 그리 크지 않다. 벽면에는 독특한 그림이 걸려 있고, 장식장에는 아기자기한 도자기가 진열되어 있어 예술적인 분위기가 느껴진다. 그리고 또 하나 놀라웠던 점은 책이 엄청나게 많다는 것이다. 마치 협찬을 받아서 도서관이라도 세운 양 수백 권의 책이 곳곳에 비치되어 있다. 그렇다 보니 이곳에 오면 소장된 책을 빌려 볼 수도 있고, 자신이 보지 않는 책을 기증할 수도 있다. 함께 공유하며 사는 시대적 분위기가 잘 반영된 듯하다.

카페 내부의 한쪽 구석에는 커피 조리대가 설치되어 있다. 이곳에서 커피를 내리면 향긋한 커피 향이 카페 전체로 퍼져 나간다. 커피 조리대 맞은편 벽면에는 유리창을 전면에 설치해 다소 협소해 보이는 내부 공간이 넓어 보인다.

이곳에서 가장 마음에 드는 장소는 바로 창가 자리이다. 반쯤 누운 상태로 창밖에서 스며드는 햇볕을 쬐며 한가롭게 책을 읽을 수 있기 때문이다. 책을 보다가 문득 눈을 들고 창밖을 바라보니 바깥쪽 좌석에 앉은 사람들의 시선이 느껴졌다. 그들의 입장에서 나는 카페 내부 풍경 속의 한 인물에 불과했을 것이다.

책을 읽거나 경치를 감상하는 것 말고도 이곳에서는 훨씬 더 다양한 일을 할 수 있다. 커피를 마시며 예술 작품을 구경할 수도 있고, 마음에 드는 작품을 구매할 수도 있다. 만약 작품이 너무 비싸 사기가 망설여진다면 오리지널 작품을 복제한 판화를 구매하는 것도 괜찮다. 그리고 이곳에서는 예술 활동에도 참여할 수 있는데, 예술가가 아니더라도 카페에서 개최하는 각종 동호회 모임에 참석해 예술적인 분위기에 빠져 볼 수 있다. 그리고 만약 여름밤에 이곳을 찾았다면 계수나무 아래에서 펼쳐지는 낭만적인 뮤직 파티도 즐길 수 있다.

이곳에서는 현대 예술과 오리지널 디자인 작품, 최고급 커피, 각종 동호회 모임 등이 샤오 위와 라오 장만의 예술이나 라이프스타일로 재해석되고 있다. 그들은 모든 사람이 생활 예술가이기 때문에 이러한 것이 가능하다고 했다.

추억 속 싼마오를
만날 수 있는 곳

## 장러핑 고택

张乐平故居
上海市徐五原路288弄3号

평온해 보이는 우위안루仿园路 골목길에는 유럽식 정원주택이 저마다 아름다운 자태를 뽐내며 들어서 있다. 고상한 유럽풍 거리를 감상하며 걷다 보면 우리에게 너무나도 익숙한 고전 만화 캐릭터 '싼마오三毛'를 발견하게 될 것이다. 싼마오는 커다란 머리에 가녀린 어깨를 가진 소년이다. 동글동글한 까까머리에는 세 가닥의 머리카락이 앙증맞게 나 있다. 이렇게 귀여운 싼마오를 어떻게 잊을 수 있겠는가!

나는 우연히 싼마오를 탄생시킨 장러핑张乐平 선생의 고택이 우위안루 골목 깊숙한 곳에 자리 잡고 있다는 사실을 알게 되었다. 백 미터도 채 안 되는 이 골목길은 너무나 짧아 한눈에 골목 끝이 다 내다보일 정도이다. 평소에는 지나다니는 사람도 드물어 적막감마저 흐른다. 만약 골목 어귀에 '장러핑 고택'이라고 쓰인 표지판과 싼마오 부조가 없었다면 그냥 지나칠 수도 있을 것이다.

장러핑은 중국이 항일전쟁에서 승리를 거둔 이후, 줄곧 이 집에서 머물다가 세상을 떠났다. 그래서 싼마오와 관련된 작품들은 대부분 이곳에서 탄생했다고 할 수 있다. 특히 싼마오 영화는 이곳에서 처음으로 제작되었다. 공교롭게도 영화배우 상관윈주上官云珠의 사촌 오빠이자 영화 제작자인 웨이부韦布가 아래층에 살고 있어서 일이 술술 풀렸다. 그리고 골목 어귀에는 장러핑이 생전에 밤참으로 즐겨 먹었던 샤오훈툰小馄饨[1]을 파는 가게도 아직 남아 있다.

장러핑이 살았던 집은 골목 끝자락 오른편에 자리 잡고 있다. 커다란 검은색 철문은 굳게 닫힌 채일 때가 많다. 내가 방문했을 당시 골목 맨 끝에 있는 한 고급 주택 안에서 갑자기 경비 아저씨가 나오더니 귀찮은 표정으로 장러핑 고택을 찾아온 관광객들에게 이렇게 말했다.

"여기가 장러핑의 집인데, 지금은 개방하지 않습니다."

그러자 고급 주택 안에 있던 아주머니 한 분도 짜증스러운 듯 경비 아저씨를 가리키며 사람들에게 소리쳤다.

"저 사람 말대로 여기는 사유지예요!"

생전에 장러펑은 이들보다는 훨씬 더 관대했다. 술과 사람을 좋아했던 그는 친구들을 자주 집으로 초대해 함께 술을 마시며 즐겼다. 그는 이렇게 떠들썩한 분위기뿐만 아니라 아이들도 무척 좋아해서 '어린이 낙원'을 건설하는 게 꿈이었다.

어찌보면 장러펑이 살았던 이 노란 집에 한때나마 어린이 낙원이 만들어졌다고 할 수 있다. 장러펑은 슬하에 7명의 자녀를 두었지만, 아이들을 좋아했던 그는 몇 명의 아이를 더 입양했다. 그중에는 여배우 상관윈주가 세상을 떠나면서 남기고 간 두 아이도 있었다. 아래층에 살고 있던 웨이부도 자녀가 8명이나 되었다. 그렇게 해서 장러펑의 집은 졸지에 아이들의 천국이 되고 말았다. 만약 시간을 거꾸로 돌려 70년대로 되돌아간다면 이 골목 안은 아이들로 북적거려 꽤 시끄러울 것이다.

안타깝게도 장러펑 고택은 사유지가 되어 지금은 참관하기 어렵지만, 이 근처에는 엇비슷한 주택이 많기 때문에 골목 안의 다른 집들을 둘러보며 아쉬움을 달래보는 것도 괜찮다. 이곳은 공기도 맑고 주변 환경도 쾌적해서 산책하기에 딱 좋다. 하지만 너무 조용한 탓에 조금만 시끄럽게 해도 주위에 방해가 될 수 있으니 조심해야 한다.

오동나무 그림자로 얼룩진 바닥을 조심스럽게 밟으며 골목길을 걷다 보면 나무 사이사이에 숨어 있는 노란 집들을 발견할 수 있다. 이곳에 있는 주택들은 대부분 비슷한 양식으로 지어졌다. 육중해 보이는 철문에는 화려한 문양이 남았고, 벽면에는 일렁이는 물결 문양이 장식되어 있다. 문설주[2] 위에는 고풍스러운 가스등이 달려 있고, 창틀 위에는 아름다운 곡선을 그리는 차양이 드리워져 있다.

가장 눈길을 끄는 것은 주택마다 있는 작은 정원이다. 비록 나무 한 그루가 정

원 전체를 뒤덮을 정도로 작은 크기지만, 그 속에 있으면 시야가 온통 초록으로 가득할 것 같아 마음에 쏙 든다. 만약 골목길 위를 지나다니는 주민들만 없었다면 유럽의 어느 거리에 와 있는 듯한 착각에 빠질지도 모른다.

이곳에 오면 아름다운 주택골목을 감상하는 것 말고도 융푸루永福路 입구에 있는 붉은 정원주택도 어렴풋하게나마 바라볼 수 있다. 붉은 벽돌로 지어진 이 건물은 경사진 지붕이 삼각형 모양으로 덮여 있고, 입구에 세워진 바로크 양식의 문설주는 매우 정교하게 만들어졌다. 그리고 지붕 위에 설치된 세 개의 굴뚝은 마치 산타클로스가 쉽게 드나들라고 만들어 둔 것 같다. 영국 분위기가 물씬 풍기는 이 건물은 거리 한 귀퉁이 대부분을 차지하고 있어서 멀리서도 잘 보인다. 우위안루에서 융푸루로 가는 길을 주의 깊게 살펴보면 이 아름다운 건축을 발견할 수 있다.

1  얇은 만두피에 고기소를 넣고 만든 만두로 끓인 국이다.
2  문 양쪽에 세운 기둥이다.

오동나무 아래에서
탄생한
연극 인생

## 안푸루

———

**安福路**
上海市徐汇区安福路

프랑스 해군 장군의 이름을 따서 한때 듀플렉스Du-plex의 오솔길이라고 불렸던 안푸루는 프랑스 조계지의 평온한 분위기를 그대로 물려받아 무척 유유자적해 보인다. 다양한 양식의 건축이 오동나무 그늘에 가려져 한동안은 세상과 동떨어져 있는 듯 없는 듯 조용히 지내서 그런 것 같다. 하지만 연극센터가 들어선 이후 이 거리는 예술의 중심지가 되어 한 편의 연극처럼 전환점을 맞이하게 되었다.

최근에는 젊은 청년들과 직장인들이 연극을 보기 위해 이곳을 즐겨 찾고 있다. 그들은 한손에 연극 티켓을 꼭 쥐고 와서 조용하지만 색다른 멋이 느껴지는 이 거리를 훑어보곤 한다. 안푸루의 평온함을 깨뜨리지 않기 위해 그들은 연극을 다 보고 난 후에도 들뜬 감정을 애써 억누르는 듯하다. 대신에 근처에 있는 분위기 좋은 카페나 레스토랑에 들러 억눌렀던 예술의 열기를 분출한다.

이런 분위기에 휩쓸려 최근 몇 년 사이 안푸루의 대로변에는 수많은 상점이 들어서기 시작했다. 수다 떨기 좋은 카페, 건강에 좋은 빵을 파는 베이커리, 작고 아담한 카페, 독특해 보이는 슈크림빵 가게, 골목 깊숙한 곳에 꼭꼭 숨어 있는 루프톱 레스토랑, 예술적 감각이 돋보이는 디자이너숍 등이 거리 전체를 차지하고 있다.

"언제부터 시작되었는지 잘 모르겠지만, 이제 이곳은 완전히 먹자골목이 되었어요."

안푸루에 살고 있는 청程 선생은 이곳이 이렇게 변한 지 몇 년쯤 된 것 같다고 말했다. 비록 번화가가 되었지만, 그는 여전히 이곳에서 산책하는 것을 즐긴다. 왜냐하면 이곳의 상점들은 안푸루에 연극을 보러 오는 사람들이 차분하게 거리 풍경을 즐기는 것처럼 화려한 장식은 배제되고 건축물의 원래 분위기를 그대로 유지되도록 꾸며졌기 때문이다. 그래서인지 이곳의 건물에서는 절충주의 양식이나 바로크 양식, 스페인풍 경사면 지붕 등을 찾아볼 수 있다.

casa casa
201
arper
AUTHENTICS
DIESEL
ecosmart
FLOS
FLÖTOTTO
FontanaArte
FOSCARINI
Fritz Hansen
ibride
Kartell
MDF
MOROSO
normann
COPENHAGEN
OFFDESIGN
TECHNOGYM
vitra.
zanotta

안푸루가 발전하기 시작하자 햇살 좋고 편안함이 느껴지는 이 거리의 매력에 많은 외국인이 빠져들게 되었다. 그러자 상하이 사람들은 이곳을 그들의 이상적인 라이프스타일을 소개하는 대표적인 장소로 삼게 되었다. 그래서 이곳에 오면 오후의 여유를 만끽하는 외국인들뿐만 아니라 예술계의 유명인사들도 볼 수 있다.

안푸루의 카페에 앉아 있으면 어느새 주인이 다가와 가게를 찾은 유명 연예인들을 일일이 손으로 꼽으며 자랑을 늘어놓을 것이다. 어떤 배우는 저쪽 야외 테이블에 앉는 걸 좋아한다든지, 어떤 감독은 캐러멜 맛 음료를 즐겨 마신다든지. 그가 한 말이 사실인지는 알 수 없다. 연극센터에 가더라도 유명 연예인과 마주칠 확률은 그리 높지 않기 때문이다. 하지만 실망할 필요는 없다. 독특한 양식의 건축들이 언제 가더라도 항상 그 자리를 지키고 있으니 말이다. 만약 지금 안푸루에서 연극 관람을 마쳤다면 건물 밖으로 나와 왼쪽으로 몇 발자국만 걸어가 보자. 그러면 길 건너편에 견고하게 지어진 쥐보라이쓰 아파트巨拨来斯公寓가 보일 것이다. 이 아파트 건물은 사람들에게 안푸루의 옛 모습을 보여 주기 위해 오늘날까지 꿋꿋하게 버티고 있는 듯하다.

그곳에서 고개를 조금만 돌리면 안푸루 284호에 있는 아름다운 붉은빛 건물이 보일 것이다. 초록빛 수풀과 석가산石假山[1] 조경에 가려진 채 숨은 듯 자리 잡은 이 건물은 1917년에 지어진 것이라고 한다. 지붕의 경사면에는 옛날식의 창이 달려 있고, 2층 벽면에는 나무 골조가 그대로 드러난다. 테라스는 나무 울타리로 쭉 둘러싸여 있다. 건물 전체 벽면은 짙은 빛깔의 자갈을 촘촘하게 박아 두었고, 창틀에는 둥글고 길쭉한 모양이 뒤섞여 있다. 이 건물은 건축 디자인의 유연함과 구조의 견고함을 모두 갖추고 있어 많은 사람의 사랑을 받는다.

원래 이곳은 고급 음식점이었다. 한때 상하이에서 이른바 '정인 공관情人公馆'

이라고 불리며 명성이 자자했다고 한다. 하지만 한 차례 화재를 겪은 뒤에 정인은 사라지고 공관만 남아 홀로 이곳을 지키게 되었다. 현재는 경비원이 정문을 지키며 출입을 철저하게 통제하고 있다. 하지만 다행스럽게도 정문 쪽이 넓어서 내부에 있는 석가산이나 잔디밭, 우거진 수풀 사이에 가려져 있는 건물을 살짝이나마 볼 수 있다. 이렇게 도둑질하듯 훔쳐보는 것으로 만족할 수 없다면 바로 옆에 있는 루프톱 레스토랑으로 올라가 보자. 그곳에서 바라보면 이 아름다운 붉은 벽돌집이 한눈에 들어온다.

이곳 말고도 우캉루武康路 입구 쪽으로 가다 보면 Marienbad Café가 나오는데, 그 맞은편에는 로프트 스타일로 완전히 탈바꿈한 융러궁 영화관永乐宫影院이 있어 둘러볼 만하다.

마지막으로 내 관심을 끌었던 곳은 스페인 영사관 문화부 산하의 세르반테스 도서관塞万提斯图书馆이다. 스페인 영사관에서 관리하는 곳으로 도서관 곳곳에서 스페인 문화 체험이 가능하다. 도서관 내부에는 스페인과 관련된 도서와 영상 자료가 가득하다. 그리고 이곳에서 비정기적으로 스페인 문화행사를 거행하기도 한다. 여름이 되면 야외에서 스페인 영화를 상영하기도 한다. 이외에도 세르반테스 합창단이나 클래식 기타 공방도 있어 이곳에 오면 스페인의 다양한 문화를 체험해 볼 수 있다.

---

1 여러 개의 돌을 쌓아 산의 모양을 재현한 것이다.

东湖路

예술과 음악을 사랑하는 젊은 청춘들과 함께
이 거리를 걷다 보면 전설 속에나 나올 법한 아름다운
건축물들이 어깨를 스치고 지나갈 것이다.

绍兴路

# 사오싱루

L LEE
86
Carl Hansen
Stellarworks   Menu
Alessi   Dayna Decker
Fritz Hansen
GEORG JENSEN   Air aroma
Voluspa   Muuto
Tradition  JIA Inc
Herve Gambs
CAFÉ
del
VOLCÁN
MOVIE
永康路

## 오동나무 아래에서 만끽하는
## 상하이의 문화예술

언제든지 펀양루汾阳路에 가면 예술의 정취를 느낄 수 있다. 이곳의 음악대학은 복잡하기만 한 화이하이루淮海路와 푸싱루复兴路에 편안하면서도 느긋한 리듬감을 주어 거리를 지나는 사람들에게 한 박자 쉬어 갈 수 있는 여유를 선사해 준다. 거리에서 악기를 메고 다니는 음대생들을 마주치면 그들의 얼굴에서 마치 '청춘'이라는 글귀를 써 놓은 것처럼 생기발랄함이 뿜어져 나오는 것을 볼 수 있다. 그리고 흩날리는 오동나무 잎을 따라 긴 머리를 나풀거리는 여학생이 지나가고 나면 대학 내에서 아름다운 선율이 흘러나와 저절로 발길을 멈추게 된다.

한 호텔 내에 있는 두웨성杜月笙[1]의 옛집은 어제 막 지은 것처럼 견고한 모습으로 자리를 지키고 있다. 이국적인 느낌이 물씬 풍기는 이공대학理工大学은 마치 시간 터널 같아 그곳에 가면 과거 프로이센 왕국으로 되돌아갈 것만 같다. 그리고 둥핑루东平路는 존재 자체만으로도 사람들에게 중화민국 4대 가문[2]의 이야기를 들려주기에 충분하다.

반면에 학생들의 발길이 뜸한 곳도 있다. 바로 스쿠먼石库门 거리로 외국인들이 만든 상하이의 또 다른 모습이라고 할 수 있다. 마치 서양식 사교 모임 장소

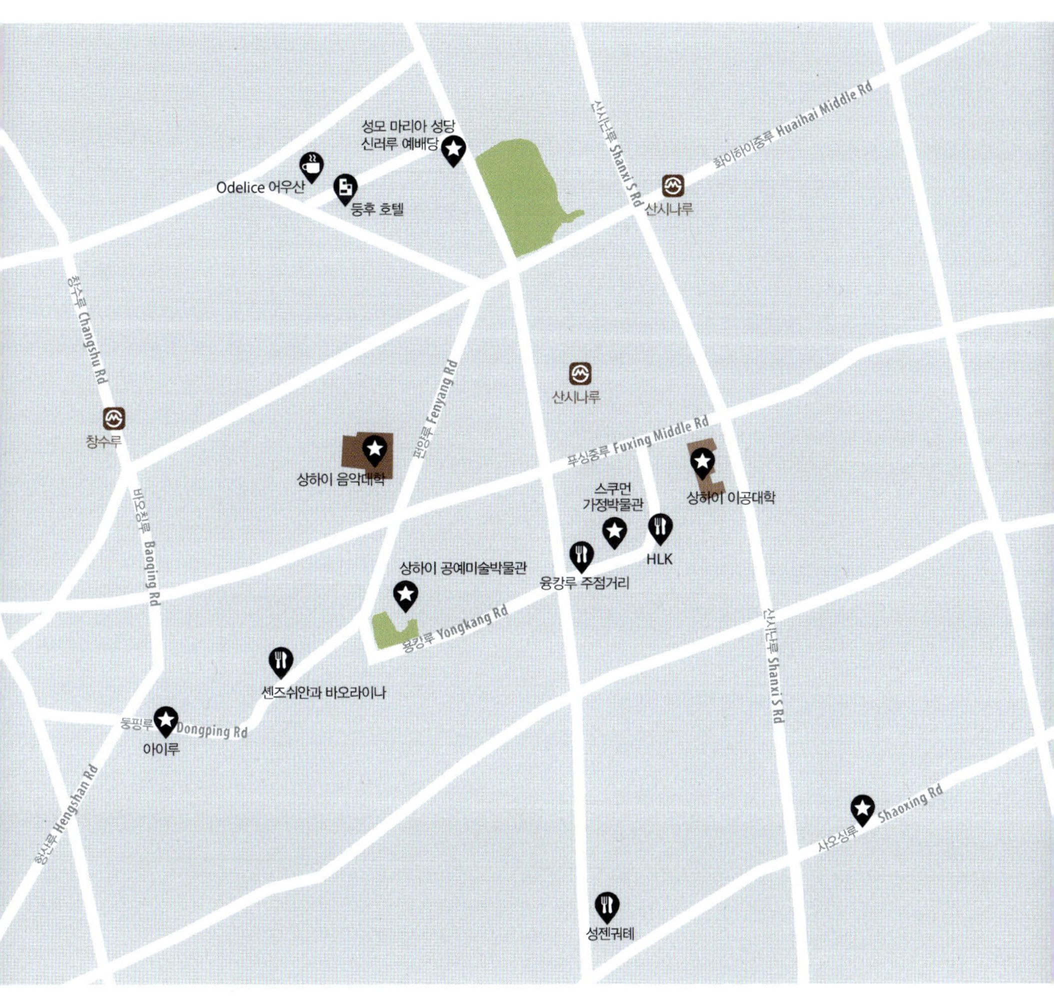


▶ 성모 마리아 성당 신러루 예배당 → Odelice 어우산 → 둥후 호텔
→ 상하이 음악대학 → 상하이 공예미술박물관 → 센즈쉬안과 바오라이나 → 아이루와 둥핑루 → HLK
→ 융캉루 주점거리 → 스쿠먼 가정박물관 → 상하이 이공대학 → 사오싱루 → 성젠궈톄 ◉

*Shanghai City*
Donhu Rd . Shaoxing Rd

처럼 변모한 한 거리는 서구 문물과 상하이 전통 문물이 한데 섞여 있어 한번쯤 가 볼 만하다. 이렇듯 늘 유동적인 상하이는 우리가 상상할 수 없을 정도로 많은 것을 포용하고 있다.

앞서 말한 곳들은 한번쯤 가 볼 만한 곳이다. 하지만 떠들썩하고 북적이는 상가나 주점 거리가 이번 여행의 종착점이 될 수는 없다. 진정한 예술의 정취를 느끼기 위해서는 문예의 근거지부터 차근차근 되짚어 보아야 한다. 이를 위해 어느 멋진 건물에 입주해 있는 역사가 오래된 출판사를 둘러보는 것도 괜찮다. 아마 숱한 세월 동안 수많은 문인이 건물의 삐걱거리는 나무 계단을 밟고 오르내린 덕분에 문학적 정취가 잔뜩 배어 있을 것이다. 이곳은 혹독한 시간을 겪어야 했지만, 포기하지 않고 꿋꿋하게 버텨 낸 덕분에 그 명맥을 유지할 수 있었다.

아마 당신도 이러한 문학예술의 산증인이자 경험자일 수 있다. 어느 서점의 소파에 앉아 책을 읽다가 옆에 둔 커피가 식는 것도 잊은 채 소설 속 주인공의 파란만장한 인생에 푹 빠져 버린 경험은 누구나 한번쯤 있기 때문이다.

---

1 중국 상하이 범죄 조직 '칭방青帮'의 우두머리로 정계에도 깊게 관여한 인물이다.
2 장제스蔣介石의 장씨, 쑹쯔원宋子文의 쑹씨, 쿵샹시孔祥熙의 쿵씨, 천리푸陈立夫와 천궈푸陈果夫의 천씨 네 집안을 가리킨다.

동화 속에 나오는
아름다운 성당

# 성모 마리아 성당
## 신러루 예배당

圣母大堂新东路教堂
上海市徐汇区新乐路55号
샹양베이루襄阳北路 입구

신러루新乐路와 샹양베이루襄阳北路의 입구를 지날 때면 신비로운 기운이 느껴지는 한 건축물에 시선을 뺏기곤 한다. 무심코 그냥 지나치더라도 어떤 힘에 이끌린 듯 고개를 돌려 다시 바라보게 된다. 그곳에는 마치 내일이면 사라져 버릴 환영과도 같은 건물 하나가 그림처럼 서 있다.

이 건물은 정교회의 예배당인 성모 마리아 성당으로 82년 전부터 그 자리를 지키고 있다. 종교적 특징을 반영한 이 예배당은 다양한 건축양식이 섞여 있어 '만국건축박람万国建筑博览'라는 별칭으로 불리기도 한다. 그래서 상하이에서도 가장 독특한 건축물로 손꼽히고 있다.

이곳은 82년 전에 러시아 정교회 상하이 교구의 빅터Victor 주교가 신도와 교민들로부터 자금을 모아 건설한 예배당이다. 빅터 주교는 백인계 러시아인이었다. 따라서 그가 상하이에 예배당을 건설한 사건은 당시 백인계 러시아인이 상하이에서 얼마나 큰 영향을 끼쳤는지를 여실히 보여 주는 것이었다. 이 예배당 말고도 상하이에서 꽤 유명한 '훙팡쯔红房子'도 백인계 러시아인이 운영하는 레스토랑이라고 한다.

아름다운 비잔틴 양식으로 지어진 이 건물을 자세히 살펴보면, 80여 년 전에 느꼈던 감동이 고스란히 전해진다. 감상하기 가장 좋은 위치는 예배당이 비스듬하게 보이는 길 건너편이다. 그곳에 서서 예배당을 바라보면 양파같이 생긴 파란 돔형 지붕이 가장 먼저 눈에 들어온다. 지붕 위의 뾰족한 안테나 장식은 금빛으로 칠해서인지 반짝반짝하게 빛난다.

예배당의 파란색 지붕과 크림색 벽면은 묘하게 조화를 이루어 마치 푸른 하늘과 흰 구름처럼 보인다. 건물 중간쯤에는 또 다른 아치 형태의 지붕이 붉은색으로 칠해져 있는데 그래서인지 건물 전체를 얼핏 보면 흰 구름이 떠 있는 푸른 하늘 아래에 붉은 파도가 넘실대는 것처럼 보인다. 그만큼 예배당 건물은 빨강, 파랑, 하양과 다채로운 건축 디자인이 절묘하게 조화를 이루고 있다. 그곳은 동화 속에 나올 법한 궁전처럼 이국적인 분위기를 자아낸다.

과거에는 예배당 내부에 있는 아름다운 벽화들이 파손되는 것을 방지하기 위해 벽면을 겹겹이 칠해 벽화를 전혀 볼 수 없었다고 한다. 하지만 2007년에 9곳의 벽화를 복원하면서 아름다운 모습이 세상에 드러나게 되었다.

지금은 이곳에서 미사를 드리지 않아 폐쇄된 상태이다. 그래서 안타깝게도 관광객들은 내부를 구경할 수 없다. 예배당 내부를 구경하지 못해 못내 아쉽다면 길 건너편 건물 꼭대기에 있는 고급 수제화 전문점으로 가 보자. 그곳의 발코니는 예배당의 아름다운 모습을 감상하기에 적당하다.

따사로운 햇살
아래에서 즐기는
프렌치 디저트

## **Odelice** 어우산

---

**Odelice** 欧膳
上海市徐汇区新乐路208号
둥후루 东湖路 부근

가게 이름만 들어보면 프랑스식 만찬을 파는 고급 레스토랑 같지만, 사실 이곳은 달콤하고 맛있는 프랑스식 디저트를 맛볼 수 있는 프렌치 카페이다. 상하이에서 프랑스 전통의 맛을 유지하면서 가격도 저렴한 디저트 카페를 찾기는 쉽지 않다. 하지만 'Odelice 어우산'[1]은 프렌치 디저트에 대한 당신의 바람을 모두 이루어 줄 것이다.

카페 주인은 크레페에 푹 빠진 프랑스 사람으로 신러루新乐路 길모퉁이에 있는 아담한 건물에 세를 얻어 프랑스식 크레페 카페를 열게 되었다고 한다. 매장은 산뜻하고 깔끔하게 꾸며져 있다. 벽 쪽에는 편안해 보이는 소파를 두 줄로 배치해서 손님들이 노트북이나 책을 보며 느긋한 오후 시간을 보낼 수 있도록 했다. 벽 위에는 유럽 풍경의 포스터를 걸어 두었는데 그 덕분에 프랑스 분위기가 물씬 풍긴다. 이곳의 가장 큰 장점은 매장 밖 야외 테라스에서 따뜻한 햇볕을 마음껏 쬐며 편안한 오후를 즐길 수 있다는 것이다.

신선한 채소로 만든 맛좋은 크레페는 아침 식사뿐만 아니라 오후 디저트용으로도 손색없다. 메밀 크레페나 와플, 파스타, 샐러드 등은 오후에 차와 함께 곁들이면 좋을 듯하다. 신선한 주스와 함께 나온 생크림이나 초콜릿 잼이 잔뜩 발린 프랑스식 크레페를 보면 달고 느끼해 보일지도 모른다. 하지만 한입 베어 물면 크레페에 무슨 마법이라도 부린 듯 입에 딱 붙어 깜짝 놀랄 것이다. 폭신한 식감을 좋아한다면 크레페를 주문하고, 바삭거리는 식감을 좋아한다면 와플을 주문해 보자. 어느 것을 주문하든 상관없다. 일단 이곳의 디저트를 맛보면 달콤한 프렌치 디저트의 매력에서 빠져나올 수 없을 테니……

---

*1* 어우산은 '유럽 요리'라는 뜻이다.

두웨성과 장아이링의
추억이 깃든 곳

# 둥후 호텔

---

**东湖宾馆**
上海市徐汇区东湖路70号

둥후루东湖路에 있는 한 오솔길은 겉모습은 초라해 보일지 몰라도 절대 그냥 지나치면 안 되는 곳이다. 왜냐하면 창러루长乐路부터 화이하이루淮海路에 이르는 몇백 미터도 채 되지 않는 골목길 안에 수많은 고건축이 숨겨져 있기 때문이다. 그리고 건물과 함께 상하이의 역사가 거리 곳곳에 숨어 있어 둘러보는 재미가 쏠쏠하다.

창러루 쪽에서 둥후루를 향해 걷다 보면 교차로에 우뚝 솟아 있는 초록빛 정자가 보일 것이다. 그 뒤편에 좌우 대칭을 이루는 회색 톤의 신고전주의 건축이 자리 잡고 있는데, 그곳이 바로 둥후 호텔이다. 둥후 호텔은 상하이에 있는 수많은 정원주택 중에서도 가장 보존 가치가 높은 건축물로 손꼽힌다.

둥후 호텔 앞에는 정자와 함께 서양식 분수대도 설치해 예쁘게 꾸며 두었다. 호텔을 자세히 살펴보면 건물이 다섯 개의 라인으로 나뉘어져 있다. 그중 가운데 있는 세 개의 라인에는 발코니가 설치되었고, 양쪽 끝 두 라인은 돌출된 육각형 구조로 되어 있다. 심플해 보이는 네모난 창틀 아래에는 기하문양이 장식되어 있다.

디자인이 우아한 이 고건축은 남다른 자태를 선보인다. 원래 이 건물은 한때 명성이 자자했던 두웨성杜月笙의 집이라고 한다. 이곳을 찾았을 당시 둥후 호텔의 전후 사정을 잘 알고 있는 듯한 90대 어르신을 만나게 되었는데, 그분이 대뜸 내게 이렇게 물었다.

"댁은 이 집이 누구 것인지 알고 있소?"

"두웨성의 집이라고 들었습니다."

"잘 알고 있구려. 나는 예전에 화이하이루에서 그 사람을 만난 적이 있소."

그 순간, 어르신의 얼굴에는 우쭐하는 표정이 나타났다. '상하이 거물'로 불리던 두웨성을 기억하고 있는 것을 보니 아마도 그에 대한 첫인상이 매우 강렬했던 모양이다.

이 건물을 보게 되면 여러 생각이 떠오를 것이다. 정말 멍샤오둥孟小冬[1]은 이곳에서 사람들과 어울려 지냈을까? 과일 가게 점원에 불과했던 두웨성이 암흑가의 보스가 되어 이곳에서 상하이를 쥐락펴락할 막후 계획을 세웠을까? 상하이 3대 거물[2]이 과연 이곳에서 의기투합했을까 아니면 아귀다툼을 벌였을까? 진실을 알게 되면 이곳에 대해 실망할지도 모른다. 이곳에서 만났던 어르신은 이런 말도 했기 때문이다.

"두웨성은 다른 곳에도 집이 많소. 이곳에는 머물지 않았지."

어르신 말씀대로 두웨성은 이곳에 살지 않았다. 그가 이곳에 머물고 싶어 했을지 몰라도 시국이 그를 내버려 두지 않았기 때문이다. 계속된 정국의 혼란 속에서 정착할 곳을 찾던 그는 둥후 호텔을 몇 번이나 염두에 두었지만, 결국에는 홍콩 등지로 떠돌게 되었다.

둥후 호텔은 둥후루 양쪽 끝자락을 모두 차지하고 있다. 길 한쪽 끝에 있는 두웨성의 집을 나와 화이하이루 1110호 쪽으로 가면 아름다운 정원 안에 둥후 호텔 7호 건물이 보일 것이다. 이 건물의 가장 큰 특징은 벽면의 절반을 붉은 벽돌로 쌓아 올리고, 나머지 절반을 바로크 양식으로 꾸몄다는 것이다. 그곳에서 고풍스러운 회랑과 견고하게 세워진 기둥, 우아한 아치형 창틀을 보고 있으면 마치 다른 시대로 이동한 느낌마저 든다.

원래 이곳은 상하이에서 꽤 유명한 고급 음식점이었다. 건물에 붙여진 '대공관大公館'이라는 이름만으로도 그 규모를 짐작할 수 있다. 지금은 한 금융네트워크 회사가 이곳을 임대해서 사무실로 사용하고 있다. 그 사실을 알지 못하고 무턱대고 안으로 들어갔다가는 무서운 경비 아저씨한테 혼쭐날지도 모른다. 나도 취재를 위해 몇 마디 말을 건네 보았지만, 귀찮아 하며 대답도 잘 해주지 않았다. 어쩔 수 없이 밖에 서서 건물의 외관과 화려하게 장식된 유리창, 입구 유리문에 쓰인 '대공관'이라는 글자만 보고 올 수밖에 없었다.

건물 내부가 어떻게 꾸며졌는지 직접 확인할 순 없더라도 아름다운 정원을 산책하는 것만으로도 충분히 위안을 얻을 수 있다. 이 길이 장아이링张爱玲이 즐겨 걷던 산책로일지도 모르기 때문이다. 과거에 한 문학소녀는 어머니를 따라 이곳을 찾았다. 사람들 틈바구니에 끼어서 얼핏 보았을 뿐인데도 그녀는 이곳에 홀딱 반하고 말았다. 이곳이 너무나 마음에 들었던 그녀는 아버지가 사는 집으로 돌아가기를 거부하기도 했다. 이로 인해 그녀는 계모와 크게 다투게 되었고, 결국 반년 동안 집안에 갇혀 꼼짝하지 못 했다.

구경을 마치고 나면 호텔 건물에서 조금 멀리 떨어진 곳에 서서 그 모습을 머릿속에 잘 간직해 두자. 그러면 나중에 장아이링의 작품을 읽다가 이곳에 대해 묘사한 부분이 나오면 쉽게 연상할 수 있을 것이다.

---

고건축물 사이로 들리는
아름다운 선율

# 상하이 음악대학

上海音乐学院
上海市徐汇区汾阳路20号

펀양루汾阳路에 가려면 차분한 마음가짐이 필요하다. 그곳에는 음악대학이 있어 예술적이면서도 고상한 분위기가 넘쳐흐른다. 아무 생각 없이 그곳을 찾았다가 자칫 실수라도 하게 되면 분위기를 망칠 수 있으니 반드시 주의하자.

펀양루 거리 곳곳에 자리 잡은 악기점에서는 간간이 음악이 흘러나오고, 오동나무가 줄지어 서 있는 길거리에는 악기를 든 음대생들이 긴 머리를 나풀거리며 이리저리 활보하고 있다. 봄바람에 홀씨가 날리는 대로 여학생들의 긴 머리카락도 함께 나부낀다. 이렇게 예술의 향기가 짙게 풍기는 거리를 걷다 보니 귓가에 아름다운 선율이 계속 맴도는 것 같다.

근처에 상하이 음악대학이 있다 보니 이런 예술적인 분위기가 자연스럽게 조성된 듯하다. 대학은 그리 크지 않다. 교문 안으로 들어서면 학교 전체가 한눈에 들어온다. 이곳은 음악뿐만 아니라 건축물 자체로도 가치가 있어 관심 있게 살펴볼 만하다. 그러면 과연 음악과 고건축 중 어느 것이 더 가치가 있을까? 정답은 둘 다이다. 음악대학의 고상하면서도 단아한 정취는 곳곳에서 들려오는 아름다운 선율과 꿋꿋하게 자리를 지키며 우아한 자태를 뽐내는 건축이 한데 어우러져야만 진가를 발휘하기 때문이다.

대학 내에 있는 고건축 중에서 가장 눈여겨볼 만한 것은 정문 쪽에 있는 '유대인 클럽'과 '정원주택'이다. 그중 정문 맞은편에 있는 유대인 클럽은 비대칭 건물 구조에 붉은색과 흰색이 불규칙하게 마구 섞여 있지만 묘하게도 조화를 이루는 듯하다. 건물 가운데에는 커다란 유리창이 있어 내부로 햇볕이 잘 들게 했다. 건물 측면에는 둥그런 발코니가 있고, 뒤쪽에는 기둥 위에 대학 내의 콘서트홀과 연결되는 통로가 설치되어 있다.

콘서트홀은 원래 유대인 클럽 건물의 일부분이었다. 그러나 21세기 초기에 다시 지었다고 한다. 이것만 봐도 처음 유대인 클럽의 규모가 얼마나 컸을지 짐작

할 수 있다. 나아가 당시 얼마나 많은 유대인이 상하이에 거주하고 있었는지도 충분히 예상할 수 있다.

유대인 클럽 입구의 오솔길을 따라 안쪽으로 들어가다 보면, 한쪽 길가에 얌전하게 자리 잡은 정원주택이 보인다. 마치 동화 속의 한 장면처럼 아름다운 북유럽풍 건축이 초록빛 수풀과 자연스럽게 어우러져 있다. 때마침 눈부신 햇살이 경사진 지붕 위의 예쁜 지붕창을 비추기라도 하면 황금이 빛을 발하듯 반짝거려 몽환적인 분위기에 젖어 들 것이다. 이 건물 2층에는 넓은 회랑이 있는데, 나무 구조물이 이것을 지탱하고 있다. 아래층 벽면은 시멘트로 거칠게 마감처리되었고 아치형 포치Porch와 창동窗洞¹이 군데군데 설치되어 있다. 포치와 창동의 둥그런 아치 위에는 색이 진하고 길쭉한 돌을 일정한 간격으로 박아 마치 태양이 빛을 발산하며 떠오르는 모습을 연상하게 한다.

학교를 둘러보는 내내 음악 소리가 간간이 들려온다. 식당 건물 위로 올라가 우거진 수풀 속에 자리 잡은 정원주택을 굽어보며 음악을 듣고 있으면, 마치 나 자신이 지휘자가 되어 악단을 내려다보며 지휘하고 있는 듯하다. 해 질 무렵 현대적인 본관 건물 앞 광장에 앉아 은은하게 들려오는 음악 소리에 조용히 귀를

기울여 보는 것도 괜찮다. 이때 건물 쪽을 향하면 태양이 거대한 건물 뒤로 사라지는 광경을 볼 수 있다. 내가 방문했을 때 회랑 위에서 이 모습을 함께 지켜보던 음대생들이 있었는데, 이들 역시 공연을 앞둔 연주자처럼 설레는 모습이 역력했다.

주차장 쪽으로도 눈길을 한번 돌려보자. 그곳에도 우뚝 솟은 고건축 사이로 석양이 지고 있을 것이다. 현재 이 건물은 식당으로 사용되고 있어 주차장 등 운영상 문제로 구조가 많이 변해 있다. 하지만 우아한 자태만은 여전할 것이다.

만약 시간이 여유롭다면 음악대학 지하에 있는 연주실에 들러 음악에 흠뻑 취해 보는 것도 권할 만하다. 내부를 둘러보다가 지치면 건물 안에 있는 작은 카페에 들러 쉬면 된다. 그러면 학생들이 당신을 위해 또다시 아름다운 연주를 들려줄 것이다. 만약 좀 더 건축물을 구경하고 싶다면 대학 맞은편에 있는 펀양 화위안 호텔汾阳花园酒店로 가서 유명 건축 디자이너 우다커邬达克의 작품을 감상해 보는 것을 추천한다.

---

1 빛과 공기가 통할 수 있게 벽에 뚫어둔 구멍을 뜻한다.

건축미술과 공예미술을
동시에 감상할 수 있는 곳

# 상하이
## 공예미술박물관

上海工艺美术博物馆
上海市徐汇区汾阳路79号
융캉루永康路와 타이위안루太原路 사이

상하이 공예미술박물관은 매우 특별한 곳이다. 과거에 이곳의 본관 건물이 프랑스 조계지 공동국公董局[1] 총책임자의 관저로 사용되었기 때문이다. 건물 외관이 미국의 백악관과 닮았다고 해서 '상하이의 작은 백악관'으로 불리기도 한다.

이 작은 백악관은 우아함의 극치를 달리는 건축물이다. 건물 외벽이 새하얗게 칠해져 있어 멀리서 보면 마치 건물 전체가 흰 대리석으로 지어진 듯하다. 가까이 다가가 건물 구석구석에 있는 아름다운 장식들을 살펴보면 화려한 르네상스 시대의 분위기를 느낄 수 있다. 이곳을 참관하러 온 사람들은 건물 앞의 잔디밭 위에 서서 눈부시게 아름다운 건축을 향해 예를 표하듯 지긋이 바라보며 눈인사를 보내곤 한다.

건물 정중앙에 볼록하게 튀어나와 있는 반원형 발코니는 웅장한 유럽의 성을 연상시킨다. 발코니 가장자리에 설치된 나선형 계단은 절묘한 곡선을 그리고 있다. 두 계단이 맞닿은 벽면에는 부조로 만들어진 수사자 장식이 있는데, 마치 잔디밭 전체를 뚫어지게 주시하며 건물을 수호하고 있는 듯한 모습이다.

건물 안으로 들어가면 더욱 정교한 내부 장식을 감상할 수 있다. 그리고 중국 공예미술을 대표하는 걸작들이 전시되어 있어 심오한 예술의 세계로 흠뻑 빠져들 수도 있다. 작품 대부분은 보기 드문 진귀한 것들이어서 박물관을 찾는 외국인들은 작품 하나하나를 볼 때마다 감탄을 금치 못한다.

건물 2층이나 지하로 가면 그림, 종이공예, 자수 등의 공예품을 만드는 과정을 직접 눈으로 볼 수 있다. 여러 공예가가 각자의 공방에서 열심히 작품을 만들고 있는 모습이 무척 신기하다. 운이 좋으면 그들과 예술 작품에 관해 대화도 나눌 수 있다. 종이를 오려서 종이 공예품을 만드는 장인이나 대나무로 등燈 공예품을 만드는 장인과 얘기를 나누다 보면 어느새 어린 시절의 달콤한 추억 속으로 빠져들게 된다. 박물관 구석구석을 구경하다가 마음에 드는 공예품이 있으면 즉석에서 구매할 수도 있어 매우 편리하다. 수십만 위안元을 호가하는 진귀한 공예품에서부터 장식용 토끼모양 등 같은 수십 위안짜리 기념품까지 두루 갖춰져 있다.

이처럼 상하이 공예미술박물관에 오면 아름다운 작은 백악관 건물과 공예 미술품을 감상할 수 있다. 입장료 8위안만 있으면 이 모든 것을 동시에 즐기는 것이 가능하다. 게다가 이곳에 전시된 공예품 중에서 마음에 드는 것이 있으면 기념으로 사 갈 수도 있으니 이 얼마나 좋은가!

---

1  조계지를 감독하는 기구이다.

맥주 한 잔으로
즐겨보는 여유

# 셴즈쉬안과
# 바오라이나

仙炙轩, Ambrosia
宝来纳, Paulaner
上海市徐汇区汾阳路150号
타오장루桃江路 부근

펀양루汾阳路에 있는 셴즈쉬안과 바오라이나는 지친 발걸음을 잠시 멈추고 쉬어 가기 좋은 곳이다. 모임 장소로도 적당한 이 두 레스토랑의 주인은 타이완 사람이다. 한 사람이 운영하고 있어서인지 두 레스토랑은 사이좋게 한 건물을 사용하고 있다.

이곳은 원래 국민당 장군 바이충시白崇禧의 공관으로 사용되던 곳이다. 후에 그의 아들인 작가 바이셴융白先勇이 어린 시절의 추억을 더듬어 이곳을 다시 찾았지만, 그 때의 사람들은 모두 떠나고 건물만 덩그러니 남아 무척 아쉬워했다고 한다. 공관 안으로 발을 들이게 되면 제일 먼저 셴즈쉬안 앞에 있는 정원을 만나게 된다. 시원한 물줄기가 흐르는 인공 폭포 앞에는 새하얀 공관 건물이 나무 사이로 보일 듯 말 듯 하며 애간장을 태운다. 바이셴융이 이곳에 살던 당시를 얼마나 기억하는지 몰라도 곁에서나마 지켜본 사람이 있다면 너무 많이 변한 모습에 안타까움을 금치 못할 것이다. 건물 측면에 있는 발코니와 2층만이 원래의 모습을 유지하고 있을 뿐, 1층은 상업적 용도에 맞게 현대적인 분위기가 물씬 풍기는 통유리창으로 전면 개조되었기 때문이다. 바이白 씨 집안사람들이 이 모습을 보았다면 아마 탐탁지 않아 했을 것이다. 외관은 변했을지 몰라도 바이셴융은 이곳을 방문해 창가 자리에 앉아 익숙한 바깥 풍경을 바라보며 어린 시절 정원에서 뛰놀던 추억을 떠올렸을 것이다.

셴즈쉬안에서 판매하는 음식은 맛있지만, 가격이 너무 비싼 게 흠이다. 식사하지 않을 생각이라면 아예 들어가지 않는 것이 좋다. 반면에 옆에 있는 바오라이나는 잠시 쉬었다 가기에 알맞은 공간이다. 이곳에서 뭔헨 맥주 한 잔을 주문한 뒤에 느긋하게 앉아 따사로운 오후 햇살을 만끽하는 것도 괜찮다. 시원한 맥주를 마시며 눈처럼 하얀 공관 건물을 바라보면 고전 영화의 한 장면이 떠오를 것이다.

'중화민국'이라 불리는
한 거리

# 아이루와
# 둥핑루

———

爱庐
东平路
上海市徐汇区东平路9号
상하이 음악대학 부속중학교, 형산루衡山路 부근

세월이 흘러도 동핑루에는 여전히 펀양루汾阳路에서 느껴지는 옛 정취가 고스란히 묻어나는 듯하다. 이곳에는 상하이 사람들도 익히 잘 알고 있는 '아이루'라고 하는 오래된 건물이 있다. 현재 이곳은 상하이 음악대학 부속 초등학교로 사용되고 있어 무수히 많은 음악가가 이곳을 거쳐 갔다고 해도 과언이 아니다.

하지만 수십 년 전 이 집에는 중국 현대 역사상 가장 걸출한 두 인물이 살았다. 그들은 바로 장제스蔣介石와 쑹메이링宋美齡[1]이다. 이들은 결혼식을 올린 후 상하이에 있는 이 집에서 신혼살림을 꾸렸다. 사실 이 집을 직접 매입한 사람은 장제스가 아니라, 쑹메이링이다. 쑹메이링은 이 집을 혼수로 장만했다.

아이루는 매우 복잡한 구조로 지어졌다. 전체 건물은 ㄱ자이며, 정면에서 보면 건물의 정면이 가로 세로로 나누어져 있다. 그중 오른쪽에 가로로 놓인 건물은 세 부분으로 구분되는데 돌출된 가운데 부분의 1층과 2층은 모두 아치 형태로 되어 있다. 1층은 출입구로 사용되는 포치Porch이고, 2층은 발코니이다.

건축의 세부 장식은 현란할 정도로 매우 화려하다. 물병 모양의 난간 울타리, 네모반듯한 창틀, 아치형 포치, 맨사드 지붕Mansard Roof,[2] 자갈로 마감 처리한 외벽을 본다면 화려하다는 말을 이해할 수 있을 것이다. 정원에는 '아이루'라는 글자가 새겨진 아름다운 석가산도 있는데, 이 글씨는 장제스가 직접 쓴 것이다.

쑹메이링은 이 집이 있는 상하이에 관해 여러 차례 언급했다.

"나에게 상하이는 제2의 고향이나 다름없을 정도로 매우 특별하답니다. 나는 상하이를 사랑해요. 원래 고향인 하이난 섬海南島보다 훨씬 더요."

그녀의 남편인 장제스는 루산庐山 구링牯岭에 있는 별장은 '메이루美庐'라고 부르고, 항저우杭州 시후西湖에 있는 별장은 '청루澄庐'라고 불렀다. 그 중 상하이에 있는 이 집을 '아이루'[3]라고 부른 것을 보면, 이 집은 그들에게 매우 특별한 의미가 있는 곳은 아니었을까?

둥펑루에는 아이루 말고도 십여 개의 정원주택이 더 있다. 흥미로운 점은 중화민국 초기 이 거리에는 중국의 4대 가문이 모두 모여 살았다는 것이다. 그리고 아직도 대다수 집에는 그들의 자손이 살고 있다. 하지만 다시 생각해 보면 중국의 4대 가문인 장蔣씨, 쑹宋씨, 쿵孔씨, 천陳씨 집안이 동시에 이 둥펑루에 살았다는 사실은 그다지 놀랄 만한 일이 아니다. 당시 중국의 권력가 대부분이 이 거리에 모여 살고 있어서 둥펑루가 바로 중화민국이라고 여겨질 정도였기 때문이다.

아이루를 빠져나와 둥펑루에 있는 시자 화원席家花园으로 가면 또 다른 고건축을 구경할 수 있다. 이곳은 상하이에서 꽤 유명한 토속 음식점으로 바뀌었다. 최근 음식의 질이 많이 떨어졌다고 불만을 토로하는 사람들이 많지만, 시자席家 요리의 원조 격인 이 음식점은 상하이의 옛 정취를 여전히 간직하고 있다.

여기까지 온 후 둥펑루를 다 둘러봤다고 생각하여 성급하게 발길을 옮기지는 말자. 근처에 있는 웨양루岳阳路와 타오장루桃江路의 오솔길도 상하이의 정취가 듬뿍 묻어나는 곳이니 천천히 둘러보기 바란다.

1 장개석의 부인이자 외교면에서 활약을 보였던 중국의 정치가이다.
2 서양의 근대 건축에서 볼 수 있는 특징으로 2단으로 경사진 지붕을 말한다.
3 아이루의 아이爱는 '사랑'을, 루庐는 '오두막'을 의미한다.

098
Shanghai City
Donhu Rd . Shaoxing Rd
편안한 분위기의
브런치 맛집
HLK
Hungry Lung's
Kitchen
饿龙厨房
上海市徐汇区嘉善路99号
招聘

자산루嘉善路는 융캉루永康路 부근에 있는 지역으로 최근 이 부근이 발전하기 시작하면서 음식점 창업을 꿈꾸는 사람들이 하나둘씩 몰려들었다. 그런 음식점 중에서 가장 크게 성공한 곳이 HLK이다. 이 음식점은 원룽文龙이라는 캐나다 화교가 운영하고 있다. 친절한 성격의 그는 불어도 할 줄 아는 다재다능한 사람이다. 원룽은 마흔이 채 되지 않았지만, 20여 년간 요식업계에서 종사했으며, 과거 캐나다에서 꽤 괜찮은 식당 몇 곳을 운영한 경험도 있다.

그의 아내는 캐나다로 이민한 상하이 사람이다. 그래서 그는 아내를 따라 친척을 방문하거나 휴가를 보내기 위해 자주 상하이를 찾았다고 한다. 그렇게 몇 번 상하이에 발을 들이게 되면서 차츰 정이 들기 시작했다.

"상하이는 사람들로 늘 북적거리죠. 한산한 캐나다와는 딴판이에요."

결국 그는 사람 사는 냄새가 가득한 상하이의 거리 풍경에 반해 캐나다의 사업을 접고 이곳에 와서 정착하게 되었다고 한다. 현재 그가 운영하는 HLK 매장은 그리 크지 않지만, 심플하면서도 깔끔하고 편안한 느낌을 준다. 이런 단순한 인테리어가 상하이 사람들의 취향을 제대로 저격한 탓인지 이곳을 찾는 손님들이 꽤 많다.

HLK에서 가장 인기가 많은 것은 브런치 메뉴이다. 이곳의 아메리칸 브런치 메뉴는 간단하게 먹을 수 있으면서도 영양이 풍부하고 맛도 좋다. 그중 에그 베네딕트가 손님들에게 가장 큰 사랑을 받고 있다. 위에 얹은 달걀 프라이는 한쪽 면만 살짝 익힌 것으로 흰자는 매끈하게 윤이 나고 노른자는 익지 않은 상태이다. 걸쭉한 홀란다이즈 소스Hollandaise Sauce 아래에는 훈제 연어나 베이컨이 깔려 있고, 그 아래에는 식감이 부드러운 머핀이 놓여 있다. 먹기 전에 노른자를 터뜨려서 소스와 함께 섞어 먹으면 더욱 풍성한 맛을 느낄 수 있다.

이곳에서 파는 음식은 주로 고급 레스토랑에서나 먹을 법한 서양 음식이지만, 분위기만큼은 편안하다. HLK 주인은 상하이에 있는 분위기 좋은 레스토랑을 수도 없이 다녀봤지만, 다들 분위기가 너무 엄숙해서 식사하기에 거북할 정도였다고 했다. 사람들이 편안한 분위기에서 즐기면서 식사하기를 바라던 그는 HLK를 열어 원하는 바를 이룰 수 있게 되었다.

HLK에는 편안한 티셔츠를 대충 걸치고 와도 상관없다. 식사하면서 주인과 얘기를 나누거나 친구들과 삼삼오오 모여 앉아 웃고 떠들어도 아무도 뭐라고 하지 않는다. 엄숙하기만 한 다른 레스토랑과는 차원이 다르니 분위기를 망칠까 걱정하지 않아도 된다.

외국인 천국이 된
스쿠먼 거리

# 융캉루
## 주점거리

———

永康路酒吧街
上海市徐汇区永康路


상하이에서 색다른 광경을 구경하고 싶다면 화창한 주말 오후에 융캉루永康路
로 가 보자. 주점들로 가득한 골목길을 보면 눈이 번쩍 뜨일 것이다. 신기한 건
이게 다가 아니다. 넓지도 않은 길 양쪽에 참새 떼처럼 무리 지어 앉아 있는 외
국인들을 보면 더욱 놀랄 것이다. 이곳에 처음 온 사람들은 이 광경을 보고 이렇
게 말하곤 한다.

"응? 여기가 도대체 어디지?"

융캉루의 주점들은 자산루嘉善路에서 셴양난루襄阳南路에 이르는 일부 구간에
모여 있다. 이백 미터도 채 되지 않은 이 좁은 골목길에는 주점들이 다닥다닥 붙
어 있어 이제 더는 비집고 들어갈 틈조차 없어 보인다. 길가에 자리만 나면 너도
나도 주점을 오픈했기 때문이다. 거리에 있는 가게마다 야외에 앉아서 햇볕 쬐
기를 원하는 손님들을 위해 인도 위에 테이블과 의자를 잔뜩 깔아두었다. 그래
서 볕이 잘 드는 오후가 되면 바닥 위에 긴 그림자가 비스듬하게 드리워지곤 한
다. 길가에 놓인 테이블에서 중국인과 외국인이 한데 모여 앉아 따사로운 오후
햇살을 즐기곤 하는데 그 위로 만국기가 펄럭이는 모습이 참으로 색다르다.

Heineken
台北永康 精緻美食 Taiwan delicacy
To go Lunch Set

주말이 되면 수많은 외국인이 사방팔방에서 이곳으로 몰려든다. 걸어서 오는 사람도 있고, 자전거나 택시를 타고 오는 사람도 있다. 그러면 이 거리는 순식간에 사람들로 빼곡히 들어차 북적거리기 시작한다. 길 한가운데 서 있으면 사람들의 말소리가 웅성웅성하는 소음으로 들릴 뿐, 무슨 말인지 하나도 알아들을 수 없을 정도이다.

사실 이곳은 상하이에서 가장 서민적인 곳 중 하나이다. 골목길에 자리 잡은 낡고 허름한 스쿠먼石庫门을 보면 이곳이 이른바 '눙탕弄堂'[1]이라고 불리는 상하이 서민들의 생활공간이라는 것을 알 수 있다. 작은 뒷골목에 불과하지만, 이곳의 노점상은 장사가 잘되어서 아침부터 손님이 들끓는다. 길거리 서너 군데에는 삼삼오오 무리 지어 앉은 아저씨들이 카드놀이에 열중하고 있다. 폐지를 수거하는 사람은 시장 입구에서 늘 하던 대로 먼지가 날리지 않게 폐지에 물을 뿌려 댄다. 그래서인지 이 길은 항상 물기로 축축하다. 근처에 있는 학교를 다니는 학생들은 하교 시간이 되면 떼를 지어 몰려나와 군것질거리를 찾아 거리를 쏘다니곤 한다.

거리가 손님들로 늘 북적이는 것을 보니 이곳 사람들은 장사 수완이 무척 좋은 것 같다. 아마 서양식 주점과 현지 서민들의 생활양식이 적절하게 융화되었기 때문일 것이다. 하지만 모든 것이 다 완벽할 수는 없다. 낮에는 외국인들이 술을 마시지 않고 담소만 즐기기 때문에 평화로울 수 있다. 하지만 밤이 되면 고주망태가 되어서 노래를 부르거나 술기운에 괜히 시비를 거는 사람들이 나타나 거리가 혼란스러워진다. 때로는 이런 충돌이 불가피하다. 돈을 벌어 생활을 영위하기 위해서는 어쩔 수 없는 일이기 때문이다. 지금도 이곳 사람들은 외국인과의 마찰을 견디며 똑같은 날들을 이어가고 있다.

---

1 상하이의 전통 주거양식으로 베이징北京의 후통胡同과 같이 골목을 뜻한다.

FUNK⁴ DELI
Wine & Bistro
OH MY KEBAB!

스쿠먼의
일상생활 탐구

스쿠먼
가정박물관

石库门家庭博物
上海市徐汇区永康路38弄35

스쿠먼石库门은 상하이를 상징하는 건축양식이다. 그래서인지 스쿠먼 골목을 지나다니는 사람들의 얼굴을 마주칠 때면 상하이 문화의 산증인이라는 낙인이 찍힌 것처럼 느껴진다. 그렇다면 스쿠먼이란 도대체 어떤 건축인가? 그곳에 사는 사람들은 어떻게 생활할까? 이런 궁금증들은 한꺼번에 해결해 주는 곳이 바로 오픈하우스 형태의 스쿠먼 박물관이다.

"죄송합니다! 물건을 다른 곳으로 좀 옮겨주시겠어요? 지금 촬영을 해야 해서요."

내가 스쿠먼 가정박물관을 찾았을 당시 그날따라 사람들이 분주하게 움직이며 박물관 내부를 비우고 있었다. 박물관 일을 돕는 자원봉사자에게 물어보니 오늘 이곳에서 영화를 찍을 예정이라고 했다. 차라리 잘됐다는 생각이 들었다. 사람이 없으면 건축물을 감상하기가 훨씬 더 좋기 때문이다.

스쿠먼 뜰 안에는 유달리 튼튼하게 잘 자란 나무 한 그루가 있는데, 쭉 뻗은 나뭇가지는 뜰 전체를 뒤덮을 정도로 무성하다. 뜰 한쪽에는 사랑채가 있고, 응접실로 들어가는 입구 쪽에는 낡은 물건들이 잔뜩 쌓여 있다. 무엇이 있는지 살짝 살펴보니 낡은 탁상용 전등, 다이얼 전화기, 골동품처럼 보이는 도자기, 요강과 타구唾具 등이었다.

가장 눈길을 끄는 것은 응접실 한쪽 벽면에 걸려 있는 어느 가족의 사진이다. 한 가문의 일대기를 소개하듯 청대清代 말기부터 집안사람의 지난 행적을 찍은 사진들을 액자에 담아 걸어두었다. 학자 집안이어서 그런지 액자 속에는 관직에 오른 사람의 사진도 있다. 자원봉사자가 귀띔해 준 말에 의하면 이 집의 현재 주인은 화둥 사범대학华东师大의 교수라고 한다. 과연 학자 집안답게 가문의 우수한 혈통을 잘 유지하고 있는 듯하다.

이곳의 오랜 역사가 느껴지는 낡은 물건들도 볼만하지만, 더욱 독특한 것은 응접실 벽면 일부를 뜯어내고 그 속에 있는 벽돌과 나무기둥을 그대로 드러낸 인테리어이다. 이렇게 건물의 골조를 드러냄으로써 스쿠먼이 벽돌과 나무로 지어졌다는 사실을 알려 주려고 한 것 같다. 하지만 나무기둥이 군데군데 썩어 있어 살짝 불안한 느낌이 든다.

집 내부에는 계단이 있어 원한다면 위층으로 올라가 볼 수도 있다. 비좁은 곳에 가파르게 설치된 나무 계단을 밟고 삐걱거리는 소리를 들으며 올라가면 작은 다락방이 나온다. 이곳은 천장도 낮고 공간도 협소해 답답하다. 다락방을 빠져나와 2층 테라스로 나가면 숨통이 조금 트일 것이다.

테라스에서 주위를 둘러보다가 이웃집에서 키우고 있는 새들을 발견할 수도 있다. 구관조는 사람처럼 중얼거리고, 꾀꼬리는 노래를 부르듯 청량한 목소리로 지저귄다. 다른 새들도 따라서 함께 지저귀기라도 하면 마치 콘서트홀에서 연주되는 교향곡처럼 아름답게 들릴 것이다. 좁고 답답한 스쿠먼에 사는 주민들은 이렇게 스트레스를 해소하며 살았던 듯하다. 이곳에는 새장을 들고 산책하며 여가를 즐기는 사람들이 여전히 많다. 새뿐 아니라 곤충이나 개를 기르는 사람들도 볼 수 있다.

과거 스쿠먼 골목 내에는 여자들이 요강이나 타구를 씻는 모습을 심심치 않게 볼 수 있었다. 그리고 새장을 들고 가거나 개를 끌고 산책하는 모습, 곤충 싸움을 구경하는 남자들의 모습도 자주 볼 수 있었다. 하지만 요즘 스쿠먼 골목 내에서 요강이나 타구를 씻는 사람은 거의 찾아볼 수 없다. 위생 시설이 이미 몇 년 전에 일괄적으로 만들어졌기 때문이다.

이렇게 시대와 함께 발전한 위생 시설은 가정박물관 주방 사이에 위치한다. 비록 좁은 공간에 수세식 변기와 샤워시설이 함께 배치되어 조금 불편해 보이지만, 요강을 비우던 시절과 비교하면 엄청난 발전을 이룬 셈이다.

푸싱루 속의
프로이센 영토

# 상하이
## 이공대학

上海理工大学
上海市徐汇区复兴中路1195号

사람들로 늘 북적이는 푸싱중루復兴中路는 상하이 번화가의 바쁜 일상을 그대로 보여 준다. 그러나 푸싱중루에 있는 한 지역은 조용하면서도 평온한 분위기가 감돈다. 그곳은 바로 푸싱중루 1195호에 있는 상하이 이공대학 중영국제학교中英国际学校, Sino-British College 이다. 잔디밭이나 운동장, 길옆에 우뚝 솟아 있는 프로이센 양식의 건축들을 바라보면 마치 상하이 번화가 속에서 유일하게 오염되지 않은 청정한 프로이센의 영토가 떠오를 것이다.

교문 안으로 들어서면 구불구불한 교정 오솔길과 푸른 잔디밭, 프로이센 양식의 건축들이 눈에 들어온다. 교정 내에 있는 수많은 프로이센 건축 중에서 공과대학 건물이 가장 볼만하다. 붉은 벽돌로 지어진 이 건물에는 간간이 흰색 구조물도 보여 붉은색과 선명한 대비를 이룬다. 건물 중앙 출입구 쪽에는 토스카나식Tuscana式 기둥이 포치Porch와 발코니를 떠받치고 있고, 발코니 위쪽에 설치된 작은 반원형 지붕창은 물결 모양으로 장식되어 있다. 만약 건물 뒤편에서 바라본다면 이 부분은 독특한 독일식 아치형 지붕창처럼 보일 것이다. 아니면 건물 중간에 길쭉한 탑 하나를 끼워 넣은 것처럼 보일지도 모른다.

건물 내부 바닥에는 정교한 격자 문양의 바닥재를 깔았다. 네모나거나 둥그런 불투명 유리창을 통해 햇살이 들어와 바닥이 따뜻해 보인다. 창밖에 서 있는 커다란 나무는 유리창에 얼룩덜룩한 그림자를 만든다. 이 모습을 보고 있으면 마치 인상파 화가의 걸작을 보고 있는 듯한 느낌이다.

2층의 넓은 창에는 프로이센 풍경이 그려진 블라인드가 쳐져 있는데, 어찌 보면 커다란 액자를 걸어 둔 것 같기도 하다. 그리고 창을 통해 들어온 햇빛은 철제 난간에 비쳐 바닥에 아름다운 그림자를 만든다. 이런 환경 속에 서 있으니 마치 프로이센 왕국에 와 있는 듯한 느낌이 들기도 한다. 1995년에 출판된 한 독일 잡지는 〈건축, 독일이 중국에 끼친 영향〉이라는 글을 통해 중영국제학교를 중국에 있는 프로이센 양식의 대표적인 건축물로 소개하였다.

"상하이 '만국건축박람회'에서 이 건물을 프로이센 건축양식을 갖춘 공공건물로 선정했는데, 그 이유는 건축 구조와 양식에서 수많은 역사와 문화적 요소를 함유하고 있기 때문이다. 따라서 이 건물은 상하이 근대 건축의 우수하고 진귀한 문화유산이라고 할 수 있다."

학교 내에는 공과대학 말고도 20세기 초기에 지어진 프로이센 양식의 건축물이 많다. 이런 양식의 건축들이 모여 마치 교정 내에 '프로이센 센터'를 조성하고 있는 듯하다. 당시에는 건물뿐만 아니라 풀 한 포기, 나무 한 그루조차 모두 독일인의 손에 의해 꾸며졌다고 한다. 독일 황제 빌헬름 2세가 와서 본다고 해도 깜짝 놀랄 정도로 잘 가꾸어 놓았었다. 후에 중국인도 투자에 참여하게 되면서 이곳은 중국과 서양이 합작해 설립한 대표적인 학교가 되었다. 그래서 이곳에 오면 공과대학 건물 앞의 잔디밭 위에서 중국 학생과 외국 학생이 함께 어울려 노는 광경을 심심찮게 볼 수 있다.

중영국제학교도 설립된 지 오랜 시간이 지났다. 독일과의 합작에서 영국과의 합작으로 바뀔 때까지 어느새 100년이라는 시간이 훌쩍 흘러 버린 것이다. 이처럼 상하이에 불게 된 서양과의 합작 열풍은 같은 공간에서 서로 다른 시기를 연결하는 묘한 상황을 연출하게 되었다.

상하이 이공대학 내에 있는 중영국제학교 건물 →

책 냄새와
커피 향기가 스며 있는
문학의 거리

# 사오싱루

紹興路
上海市黄浦区绍兴路

사오싱루가 문학청년들의 마음을 사로잡기까지는 그리 오랜 시간이 걸리지 않았다. 오동나무 아래에 있는 벽돌담 위로 따사로운 햇볕이 내리쬘 때면 이 거리를 찾은 수많은 문학청년의 어깨 위에도 햇살이 드리운다.

문학의 거리답게 사오싱루에는 신문사와 서너 개의 출판사가 줄줄이 들어서 있다. 그중 가장 이름 있는 출판사로는 '문예출판사文艺出版社'와 '상하이 인민출판사上海人民出版社'가 있다. 이 두 출판사는 사오싱루의 오래된 건물 안에 둥지를 틀고 있다. 그동안 얼마나 많은 문인과 학자가 이곳을 들락거렸고, 얼마나 많은 책이 독자들에게 선보여지기 위해 출판사의 낡은 복도를 이리저리 옮겨 다녔는지 알 수 없다.

출판사에서 만들어진 책들은 곧장 서점에 깔린다. 출판사 근처에 있는 서점에서는 가끔 할인행사도 진행하기 때문에 그 시기에 맞춰 오면 책을 싸게 살 수 있다. 하지만 요즈음 상하이의 오프라인 서점들이 점점 줄어드는 상황이라 안타까울 따름이다.

만약 이곳에서 문학적인 정취를 느끼고 싶다면 오동나무 그늘이나 고풍스러운 건물 옆에 책 한 권을 끼고 앉아 있으면 된다. 더 좋은 방법은 한위안 서점汉源书店에 가서 앉아 있는 것이다. 서점에 가서 앉는다고? 이상하게 들리겠지만, 그곳은

OLD CHINA HAND
READING ROOM

앉아서 쉬기에 적당한 곳이다. 서점이긴 해도 사실 카페에 더 가깝기 때문이다.

한위안 서점 내부에 있는 고풍스러운 책장 안에는 책들이 가득 꽂혀 있다. 책장이 있는 곳을 제외한 나머지 공간에는 편하게 앉을 수 있는 엔틱 테이블과 의자가 놓여 있다. 이곳은 분위기가 차분하고 조용해서 책을 읽으며 시간을 보내기에 딱 좋다. 책을 읽다가 목이 마르면 커피를 주문해서 마시면 된다. 그러다가 가끔 고개를 들어 창밖에 흩날리는 나뭇잎을 바라보면 더욱 운치 있을 것이다. 이곳에 있으면 세상의 모든 복잡한 일들이 잠시나마 머릿속에서 사라질 것 같다.

한위안 서점 바로 옆에는 '비엔나 카페Vienna Café'가 있다. 맛으로 치자면 한위안 서점에서 파는 것보다 이곳이 훨씬 낫다. 맛과 분위기 면에서 모두 합격점을 받을 만한 괜찮은 카페이다. 커피 말고도 디저트나 샐러드, 브런치 등에서 모두 정통 유럽의 맛을 느낄 수 있다. 그래서인지 수많은 외국인이 이곳을 찾고 있다. 두 곳을 분석해 본 결과, 한위안 서점은 혼자 와서 조용하게 시간을 보내기 좋은 곳이고, 비엔나 카페는 연인이나 친구끼리 몰려와 떠들썩하게 놀기 좋은 곳이다.

계속해서 사오싱루를 돌아다니다 보면 더 많은 볼거리를 발견하게 될 것이다. 그것은 고풍스러운 찻집이나 세련된 분위기의 카페, 품격 있는 갤러리일 수도 있다. 혹은 낡고 오래된 주택에서 두웨성과 그의 어머니에 관한 에피소드를 들을 수도 있다. 이제 서둘러 사오싱루로 가 보자! 그곳의 아름다운 풍경이 당신이 오기만을 기다리고 있을 테니…….

Vienna Café

전통의 맛을 지킨
두 남자 이야기

# 성젠궈톄

---

**生煎锅贴**
上海市徐汇区襄阳南路435号
젠궈시루建国西路  부근

'성젠궈테'를 처음 보면 너무 평범한 모습에 실망할지도 모른다. 평범해도 너무 평범해서 손님을 끌어들일 만한 매력이 조금도 없을 듯하다. 솔직히 겉모습만 따지고 보면 딱히 내세울 것은 없다. 화덕 하나만 놓아도 가게가 꽉 차버릴 정도로 비좁기 때문이다. 게다가 음식을 가게 안에서 먹을 수도 없다. 몇 제곱미터도 안 되는 좁은 가게에는 식재료나 조리대가 공간 대부분을 차지하고 있다. 게다가 덩치 좋은 조리사 두 명까지 있으니 여분의 공간이 없는 것이다. 밖에서 먹으면 되지 않느냐고? 미안하지만, 이곳에서는 간이 테이블조차 없다. 방법은 단 하나, 포장해서 먹는 것밖에 없다.

이곳을 처음 방문했을 때, 쳐다보기만 해도 기름져 보이는 이곳의 성젠生煎[1]이
이렇게 많은 손님을 끌어들이는 이유가 무엇인지 궁금했다. 오토바이를 타고 길
건너 이발소에서 성젠을 사러 온 한 이발사는 깜빡하고 지갑을 놓고 왔다며 어
쩔 줄 몰라 했다. 그러자 성젠을 담아주던 주인아저씨가 단골인 듯한 그 사람에
게 대수롭지 않게 말했다.

"다음에 주세요!"

웨양루岳阳路에 사는 한 아주머니는 자전거를 타고 이곳까지 성젠을 사러 왔
다. 퇴직한 원로 간부인 어머니가 성젠을 무척 좋아해서 사러 온 것이라고 했다.

"입맛이 어찌나 까다로운지, 다른 집 성젠은 절대 안 드시고 이 집 것만 찾으
세요. 그러니 할 수 없죠. 어머니가 좋아하시니 멀어도 사러 올 수밖에……."

아주머니는 어머니가 십몇 년 동안 줄곧 이 집의 성젠만 드셨다고 귀띔해 주
었다. 웨양루에 사는 아주머니뿐만 아니라 홍콩에 온 사람들도 이곳을 찾는다고
한다. 홍콩의 한 유명한 음식 평론가가 취재진과 함께 이곳에 와서 성젠궈톄를
홍콩에 소개한 것이다.

한번은 이곳의 성젠과 궈톄锅贴[2]가 왜 이렇게 인기가 많은지 주인에게 물어보
았다. 그러자 그는 미소를 띤 채 걸걸한 장베이江北 사투리로 내게 말했다.

"성젠은 상하이 토속 음식이에요. 다른 데서는 맛볼 수가 없죠."

두 사람은 이 작은 구멍가게 안에서 수십 년을 하루 같이 열심히 일했다고 한
다. 하지만 안후이安徽 출신인 두 사람이 상하이 토속 음식을 팔고 있다는 것이
조금은 아이러니하다. 그들은 정부가 자영업을 허가해 준 이래로 제일 먼저 성
젠과 궈톄 장사를 시작했다고 한다.

성젠을 사서 천천히 맛을 음미해 보면 당신 역시 그 매력에 푹 빠져 버릴 것이
다. 먼저 피가 얇은 성젠을 한 입 베어 물면 육즙이 흥건하게 새어 나온다. 성

젠의 바닥 부분은 노릇하게 잘 구워져서 씹을수록 바삭거린다. 냄새도 고소해서 이것이 바로 진정한 상하이 성젠의 맛이라는 것을 느낄 수 있다. 가격도 부담 없다. 한 량兩, 즉 50g에 3위안에 불과하기 때문이다. 박스 포장을 원하면 여기에 5마오毛를 추가로 내면 된다. 맛에 비해 가격이 저렴해서 좋다. 만약 과거의 추억을 느끼고 싶다면 옛날식 누런 종이봉투에 담아 달라고 하면 된다. 그러면 상하이 '80허우后'[3] 세대가 고사리 같은 손으로 성젠을 사 먹던 어린 시절로 되돌아갈 수 있을 것이다.

가게 주인은 추억에 젖어 성젠을 먹고 있는 나를 아랑곳하지 않은 채 다시 커다란 팬에 성젠과 궈톄를 넣고 지져내기에 몰두했다. 손님들이 길게 줄을 서 있었기 때문이다. 이런 모습은 수십 년 동안 상하이에서 줄곧 봤던 광경이라 이제 더는 신기하지도 않는다. 하지만 최근에 이런 풍경이 점점 사라지는 것 같아 못내 아쉽다. 이 가게 역시 물려받을 사람이 없어 골머리를 앓고 있다고 한다.

"요즘 젊은 사람들이 이렇게 힘든 일을 하려고 하겠어요?"

그는 성젠 굽는 손길을 멈추지 않은 채 웃으며 말했다. 허탈한 그의 웃음 속에서 서글픔이 묻어나는 듯했다.

---

1 군만두의 일종으로 팬에 닿는 아랫면은 구워져서 군만두처럼 바삭하고, 윗면은 증기로 익혀서 찐만두처럼 촉촉하다.
2 군만두의 일종으로 모양은 지역마다 조금씩 차이가 있다.
3 1980년대 이후에 출생한 중국의 외동아들과 외동딸들로 소황제小皇帝나 소공주小公主로 불린다.

# 형산루

衡山路

형산루에 있는 화려한 주택들은 한때 상하이를
주름잡았던 개척자들의 성공을 과시하는 상징물이며,
곳곳에 세워진 현대적인 아파트는 상하이 중산층이
급부상한 증거이다. 즉 여기는 개항 이후 처음으로
문화 발전을 이룩한 곳이다.

徐家汇

# 쉬자후이

운치가 느껴지는
헝산루

헝산루에는 옛 상하이에 관한 수많은 이야깃거리가 숨어 있다. 헝산루는 '베이당贝当'이라고도 불리는데, 이는 프랑스 장군 '필리프 페탱Philippe Pétain'의 이름을 따서 지은 것이다. 이곳은 프랑스 조계지 중에서도 상당히 중요한 곳이다. 과거에는 프랑스 조계지 북쪽에 있는 화이하이루淮海路와 남쪽에 있는 쉬자후이가 상하이를 대표하는 상징적인 곳이었다. 그래서 이 두 곳을 연결하기 위해 헝산루를 건설하게 되었다. 그 후 중국은 서구 문물이 서로 충돌하는 과정을 겪었는데, 헝산루도 100여 년간 그 시간을 함께했다. 이천 미터에 불과한 짧은 헝산루 위에는 현재 400여 그루의 오동나무와 1,000여 동의 건물이 들어서 있다.

"이 거리에 관한 이야기는 몇 날 며칠을 해도 다 못 할 거예요."

한 상하이 아주머니는 이곳의 지난날에 관해 하고 싶은 이야기가 많은 듯 옆에 있는 젊은 친구들을 붙잡고 한탄하듯 말했다. 아주머니 말대로 헝산루에 관한 이야기는 길바닥에 뒹굴고 있는 오동잎만큼이나 무수히 많다. 그리고 지금 이 순간에도 수많은 이야깃거리가 만들어졌다가 사라지기를 반복하고 있다.

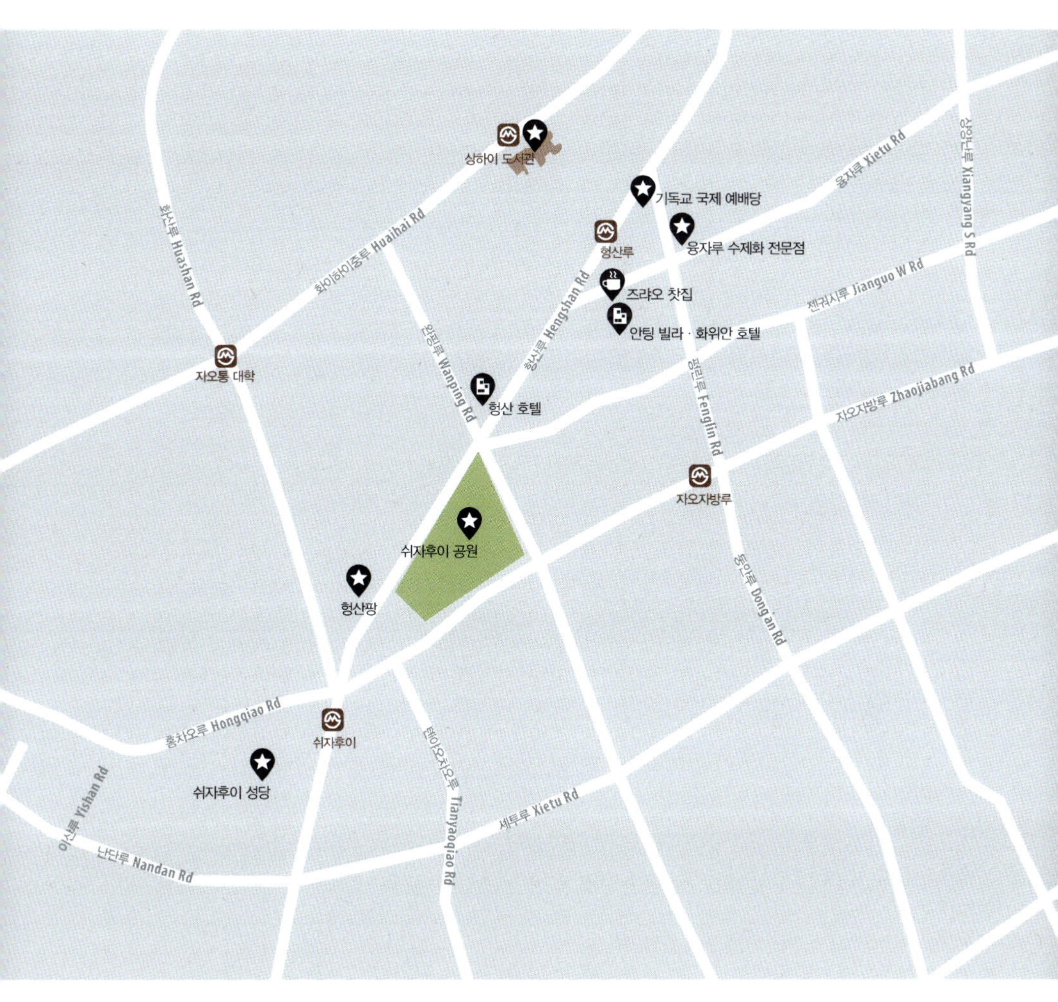


▶ **기독교 국제 예배당** → 융자루 수제화 전문점 → 즈랴오 찻집 →
안팅 빌라 · 화위안 호텔 → 형산 호텔 → 쉬자후이 공원 → 헝산팡 → **쉬자후이 성당** ◉

  헝산루에 관한 이야기는 멀고 먼 명明나라 때부터 시작된다. 아직 프랑스 조계지가 생겨나지 않았던 시대에 쉬자후이 거리에는 프랑스 선교사나 천주교도가 출현하기 시작했다. 몇백 년 후에 이 거리의 양쪽 끝에 결국 두 개의 예배당이 세워지게 되었는데, 쉬자후이 천주교 성당과 기독교 국제 예배당이 바로 그것이다. 두 건물은 모두 고딕 양식으로 지어졌지만, 각각 신교와 구교를 상징하는 대표 건물이 되었다.

  초창기에는 천주교 선교사들에 의해 거리 전체에 경건한 종교 문화가 전파되었다. 하지만 몇백 년 후 종교개혁을 거치면서 부르주아 계급의 후손들이 무력으로 이곳을 원래대로 되돌려 놓았고, 프랑스 조계지에서 아예 분리해 버렸다. 그렇게 수십 년을 조용히 지내고 있다가 개혁개방의 물결이 들이닥치게 되었을 때, 이곳은 돌연 서양식 라이프스타일의 기치를 내세우며 전면에 나섰다. 화려한 서양식 바가 남쪽에서 봄바람을 타고 몰려와 이곳 주민들의 생활 속에 뿌리를 내리게 된 것이다. 하지만 이렇게 호화로운 바는 쉽게 잊히거나 사라져 버렸다. 요즘 사람들은 더는 헝산루에 새롭거나 서구적인 것들이 들어오기를 바라지 않기 때문이다. 오늘날의 헝산루는 마치 교차로에 서서 다음 출구로 가는 길을 찾는 사람처럼 전환점을 맞이하고 있는 듯하다.

초록빛 예복을 입은
신앙의 수호자

# 기독교 국제
예배당

———

上海市徐汇区衡山路53号
우루무치루乌鲁木齐路 부근

스페인풍 정원주택과 나무 그늘이 아늑하게 드리워진 도로, 한가로워 보이는 노천카페를 지나 나무 십자가가 우뚝 솟아 있는 헝산루衡山路와 우루무치난루乌鲁木齐南路의 모퉁이 쪽으로 가다 보면, 이 도시의 신앙을 상징하는 대표 건축물이 나타난다. 바로 기독교 국제 예배당이다.

교회의 규칙에 따라 평소 이곳에는 검은색 철문이 굳게 닫혀 있다. 안으로 직접 들어가 볼 수는 없지만, 철문 위의 십자가 문양 틈새로 내부를 살짝 들여다볼 수는 있다. 안을 들여다보면 뾰족한 교회 지붕은 하늘을 찌를 듯하고, 붉은 벽돌담 위에는 파릇파릇한 담쟁이덩굴이 빼곡하게 자라 있다. 그래서인지 교회가 마치 초록빛 예복을 입은 것처럼 보이기도 한다.

아치 모양의 철문 위에는 같은 형태의 둥근 반투명 차양이 쳐져 있다. 비가 내리는 날이면 빗방울이 차양 위에 떨어져 또르르 흘러내린다. 그리고 차양 위쪽으로 보이는 건물 벽면에는 아름다운 문양이 장식된 커다란 아치형 창문이 달려 있다. 그 모습을 보고 있으면 고딕 건축양식이 유행하던 중세시대에 와 있는 듯한 느낌이 든다.

만약 일요일에 이곳을 방문한다면 예배당 내부를 구경할 수 있을 것이다. 안으로 들어가면 예배당 양쪽에 높은 기둥이 일정한 간격으로 줄줄이 세워진 회랑이 보인다. 예배당 내부에는 장엄해 보이는 제단이 안쪽 깊숙한 곳에 자리 잡고 있고, 그 옆에는 아름다운 음악을 들려줄 파이프오르간이 놓여 있다. 제단 뒤 벽면에 설치된 가늘고 긴 스테인드글라스를 통해 세 줄기 빛이 예배당 안으로 비쳐 들어오고, 여기에 나무 그림자가 더해지면 신비로운 분위기가 풍긴다. 예배당 바닥에 깔린 돌바닥을 밟고 여기저기를 돌아다니다 보면 발소리가 선명하게 들려 마치 귓가에서 찬송가가 울려 퍼지는 느낌이 든다. 종교와 건축이 조화를 이루어 이러한 신비로운 분위기를 만들어 낸 듯하다.

이 국제 예배당은 1920년대에 한 미국인이 만든 걸작으로 상하이에서 가장 큰 개신교 예배당이다. 지금까지도 해외에 사는 수많은 신도가 이 아름다운 예배당을 구경하기 위해 계속해서 헝산루를 찾고 있다. 카터 전 미국 대통령 같은 유명인사들도 이곳에서 예배를 본 적이 있다. 그리고 예배당의 아름다운 풍경 때문에 많은 사람이 이곳에서 결혼하기를 꿈꾼다.

최근 수십 년 동안 이곳은 크게 변하지 않았다. 헝산루 주점 거리가 유명해지면서 사람들로 넘쳐날 때에도 이곳은 옛 모습을 유지하고 있었다. 그리고 헝산루의 주점 열풍이 식어 잠잠해졌을 때에도 이곳은 여전히 그대로 서 있었다. 기독교 국제 예배당은 예나 지금이나 한결같은 모습으로 예배를 보러 오는 신도들을 묵묵히 맞이할 뿐이었다.

연인과도 같은
나만의 수제화

## 융자루
## 수제화 전문점

永嘉路手工定制店
융자루永嘉路 와 우루무치난루乌鲁木齐南路 입구

우루무치난루乌鲁木齐南路 를 따라 헝산루衡山路 남쪽으로 걷다 보면 첫 번째로 나오는 도로가 있는데, 그곳이 바로 융자루永嘉路이다. 많은 사람이 오가는 이 도로는 몇몇 독특한 상점 덕분에 다른 거리와 조금 달라 보인다.

자세히 살펴보면 길가에 줄지어 서 있는 오래된 건물마다 작은 상점이 들어서 있는 것을 볼 수 있다. 평범해 보이는 잡화점이나 철물점 말고도 아기자기한 수제화 전문점도 있다. 수제화 전문점은 하나만 있는 것이 아니라 우루무치난루에서 융자루로 이어지는 거리에 어림잡아 4~5개 정도는 되는 것 같다.

이 상점들은 대부분 규모가 그리 크지 않기 때문에 하나같이 쇼윈도를 통유리창으로 꾸며서 매장을 넓어 보이게 했다. 이러한 인테리어는 손님을 가게 안으로 끌어들이는 효과도 있다. 햇빛이나 불빛이 예쁜 가죽 구두 위를 비출 때면 반짝반짝하게 빛이나 더욱 화려해 보이기 때문이다. 화려한 쇼윈도에 이끌려 안을 살펴보면 수많은 신발이 가지런하게 진열되어 있다. 하이힐, 플랫슈즈, 스니커즈, 펀칭 슈즈, 프린팅 슈즈 등 디자인도 다양해서 마치 갤러리에서 작품을 감상하는 느낌마저 든다.

JP
手工 CUSTOM HAND MADE 定制
平
Lady Shoes New Arrival
21Th MAR
3月21日女鞋新品上市

Lady Shoes New Arrival
21Th MAR
3月21日女鞋新品上市
www.jackpen

쇼윈도에서 멋진 자태를 뽐내고 있는 신발들은 솜씨 좋은 제화공이 수작업으로 직접 만든 것들이다. 가죽 재단에서부터 가공까지 세밀하면서도 정교한 작업을 거치기 때문에 대충 만든 것은 찾아볼 수 없다. 그뿐만 아니라 똑같은 디자인이 하나도 없어 그야말로 맞춤식 수제화라고 할 수 있다.

상하이에는 품위를 중요하게 생각하는 사람들이 많다. 그런 사람들은 품격이 신발에서부터 나온다고 여기기 때문에 좋은 신발을 신지 않으면 결코 상하이 사람들과 어울릴 수 없다고 생각한다. 그래서인지 아담한 이 수제화 전문점에는 꽤 많은 단골손님이 있다.

사람들은 꼭 신발을 사지 않더라도 그냥 둘러보기 위해 가게를 들르기도 한다. 만약 이곳을 방문한다면 오랜 단골이 아닌 이상 가게 주인의 호들갑스러운 환대는 기대하지 않는 것이 좋다. 그는 손님이 오든 말든 상관하지 않고 묵묵히 일에만 열중할 것이기 때문이다.

이곳에서 신발을 고를 때는 연애할 때처럼 첫 느낌이 중요하다고 한다.

"나는 늘 이곳에서 와서 신발을 구경하다가 내 눈에 쏙 들어오는 것이 있으면 그제야 맞출 수 있는지 물어보곤 해요. 나는 즉흥적인 느낌으로 신발을 구매한답니다."

한 단골손님은 신발 고르는 것은 선을 보는 것과 같아서 마음에 와닿는 느낌이 있어야 신발을 사 간다고 했다.

신발 하나를 제작하는 것은 결코 쉬운 일이 아니다. 재료를 고르고, 재단하고, 디자인을 결정하는 등 신발 하나가 완성되려면 적어도 일주일의 시간이 필요하다. 하지만 기다리는 시간이 길수록 신발을 받고 난 후의 기쁨은 더욱 클 것이다. 모든 것이 빠르게만 흘러가는 상하이에서 느리고 섬세한 작업을 보고 있자면 마치 공방에서 신발을 만들던 한 세기 전으로 돌아간 듯하다. 느리긴 하지만 완성된 신발을 받아들면 한 땀 한 땀 정성 들여 제작한 제화공의 따뜻한 체온이 느껴질지도 모른다.

빠르게 흘러가는 현대 상업 도시에서 수제화는 우리가 모처럼 누리는 사치이다. 여기서 말하는 사치란 물질적인 것이 아니다. 사람과 사람 사이에 빠르지도 느리지도 않게 이어지는 교류나 사람과 물질이 수작업으로 조화를 이루는 것, 시간을 잊을 정도의 여유를 가리킨다.

매미 소리와 함께 음미하는
그윽한 차 향기

## 즈랴오 찻집

知了茶馆
上海市徐汇区永嘉路689弄1号
64458830

허름해 보이는 융자루永嘉路 상점들 속에는 가끔 뜻밖의 장소가 숨어 있기도 한데, 즈랴오 찻집이 바로 그러한 곳이다. 즈랴오 찻집은 그리 크지 않다. 문양이 예쁘게 장식된 철문이 활짝 열려 있어 찻집 내부를 밖에서도 볼 수 있다. 프랑스 조계지에 있는 한 정원주택에 문을 연 즈랴오 찻집은 소박하면서도 우아한 분위기가 느껴져 다도茶道를 좋아하는 사람들이 즐겨 찾고 있다. 문을 열고 안으로 들어서면 이곳만의 섬세한 분위기에 깜짝 놀라곤 한다.

"어서 오세요!"

고풍스러운 삼베옷을 입은 종업원이 속삭이듯 작은 목소리로 손님을 맞이한다. 여기서는 크게 말하면 안 되는 모양이다. 프런트 테이블 위에는 주전자에 담긴 백차白茶[1]가 끓으면서 하얀 수증기를 내뿜고 있다. 동시에 맑고 싱그러운 차 향기가 가게 전체에서 풍긴다. 벽 쪽에 놓인 장식장에는 자사호紫沙壺와 쟁箏, 도자기 그리고 다양한 차 상자를 진열해 놓아 찻집에 고풍스러움을 더해주고 있다.

내부는 단아한 찻집과 잘 어울리게 심플하게 꾸몄다. 나무 테이블 옆에는 초록빛 등받이가 달린 의자나 누런빛의 소파가 길게 놓여 있을 뿐, 그 외에 다른 가구는 거의 없다. 이런 간결한 내부 인테리어 때문에 하얀 벽면 곳곳에 걸려 있는 유화가 유독 눈에 띈다. 알고 보니 찻집 주인이 화가여서 이런 예술 작품이 많은 것이었다. 벽에 걸린 그림들은 마음에 들면 구매할 수도 있다.

한쪽 벽면은 전체가 유리창으로 만들어졌는데, 찻집 앞의 작은 정원이 잘 보이도록 하기 위한 것이다. 유리창을 통해 본 정원은 그리 크지 않지만, 풀과 나무가 무성해 시야에 초록빛이 가득 들어온다. 정원에 놓인 노천 테이블에 앉아 있으면 숲속에 와 있는 듯한 느낌마저 든다. 비가 내리고 나면 더욱 운치 있다. 촉촉이 젖은 정원 안에 낙엽이 가득해 시상이 절로 떠오를지도 모른다. 그리고 무더운 여름에 나무 그늘에 앉아 매미 소리를 들으며 차를 마시면 후텁지근한 여름날의 열기를 가뿐하게 식힐 수 있을 것 같다. 그래서 이 찻집 이름이 매미라는 뜻의 '즈랴오知了'인 듯하다.

평온한 찻집 분위기도 무척 마음에 들지만, 뭐니 뭐니 해도 이곳의 주인공은 역시 차이다. 윈난성雲南省에서 온 찻집 주인이 직접 발품을 팔아 여러 차 생산지를 돌아다니며 가장 좋은 것만 골라서 가져온다고 하니 품질은 보장할 수 있을 것이다. 그리고 차를 주문하면 세트로 함께 나오는 네 종류의 다과도 차 못지않게 사람들의 사랑을 받고 있다.

즈랴오에서는 차나 다과뿐만 아니라 현지 특산 음식도 판매하고 있다. 그중 사람들이 즐겨 찾는 음식은 충유반葱油拌面[2]으로 쫄깃한 면발과 향긋한 파기름이 음식의 풍미를 더하며 간장 소스도 딱 맞게 들어간다. 무엇보다도 자극적인 맛이 아니라서 더욱 좋다.

요즘 상하이에서 이런 전통의 맛이 느껴지는 충유반을 맛보기는 매우 어렵다. 우연히도 윈난성에서 온 한 찻집 주인이 절묘한 손재간을 발휘해 이런 훌륭한 맛을 만들어 낸 것이 놀라울 따름이다.

---

1 솜털이 덮인 차의 어린싹을 건조해 만든 것으로 은색 광택이 난다.
2 파기름을 넣고 만든 비빔국수이다.

붉게 물든 단풍 아래의
스페인풍 건축

# 안팅 빌라 ·
# 화위안 호텔

安亭别墅(Anting Villa)
花园酒店
上海市徐汇区安亭路46号

호텔 입구에 있는 커다란 철문을 열고 들어서면 오른쪽으로 보이는 잔디밭 뒤편에 스페인풍 건축 하나가 눈에 띈다. 드넓게 펼쳐진 초록빛 잔디밭 너머에 있는이 건물은 완벽한 대칭을 이룬다. 3층 높이의 이 건물에는 경사가 완만한 지붕이덮여 있고, 지붕위에 창 세 개가 설치되어 있다. 그리고 처마 밑은 물결 문양으로장식되어 무척 우아하다.

이 건물은 층마다 창문이 각기 다른 형태로 디자인되어 있는데, 그중 가장 아름다운 것은 1층에 있는 아치형 창문이다. 1층 가운데 부분에는 아치형의 출입문 세 개가 있다. 입구 앞에는 복도 형태의 난간이 있고, 양쪽 끝부분에는 돌기둥으로 장식된 계단이 있다.

아름다운 건물에 반해 가까이 가서 살펴보려고 급하게 잔디밭을 가로질러 갈 필요는 없다. 이 건물이 이곳에서 가장 뛰어난 건축물은 아니기 때문이다. 주인공은 좀 더 깊숙한 곳에 숨겨져 있다. 잔디밭 가장자리를 따라 앞으로 가다 보면 왼쪽에 호텔 신축 건물이 보일 것이다. 바로 그 건물 맞은편 울창한 수풀 속에 이곳의 주인공인 안팅 빌라가 숨은 듯 자리하고 있다. 1930년대에 지어진 이 건물은 스페인풍 건축의 걸작이라고 할 수 있다.

건물이 나무에 반쯤 가려져 있어 대칭 구조인지 확인하긴 어렵다. 건물의 아름다운 모습을 감상하다 보면 건물 모퉁이 쪽에 있는 돌출된 탑 모양의 구조물이 보일 것이다. 이것은 스페인 건축양식 중에서도 가장 돋보이는 부분이다. 대칭 구조의 건축 격식에는 맞지 않지만, 그렇다고 해서 이 건물이 대칭 구조로 되어 있지 않은 것도 아니다. 완만한 경사를 이루는 지붕 위에는 붉은색 둥근 기와가 덮여 있고, 지붕 경사면에는 세 개의 지붕창이 설치되어 있다.

앞서 말한 대로 이 건물 한쪽 편에는 돌출된 탑 모양의 구조물이 있어 무척 독특하다. 탑처럼 생긴 이 구조물의 위쪽과 아래쪽은 완전히 다른 형태이다. 위쪽은 팔각형이고, 아래쪽은 원통형이다. 그리고 꼭대기 부분은 원뿔 형태로 되어 있다. 원통형의 하얀 구조물 중간에는 테두리 모양의 장식이 둘러져 있다. 그래서인지 멀리서 이 구조물을 바라보면 살짝 녹아서 흘러내리는 아이스크림콘처럼 보인다.

원래 이 건물은 류치 씨 집안사람들이 살던 '류공관치公馆'이었다. 건축 비용이 적지 않게 든 만큼 건물은 무척 아름답다. 내부 인테리어 역시 아름답고 참신하게 꾸며져 있다. 대부분의 방 천장은 견고한 목재를 사용해서 평평한 형태로 만들어졌고, 바닥에는 자잘한 무늬가 새겨진 박달나무나 대리석이 깔려 있다. 그리고 화강암으로 만들어진 계단과 벽에 걸린 구릿빛 등은 집안에 화려한 분위기를 더해 준다.

아직도 이곳의 주인이 류 씨 성을 가진 사람인지는 몰라도 이 건물을 지은 건축 디자이너가 리진페이李锦沛인 것만은 확실하다. 그는 미국의 명문 학교 출신으로 그동안 그가 디자인한 건축만 해도 셀 수 없이 많다. 가장 대표적인 것으로는 뉴욕 타임스 빌딩과 난징南京에 있는 중산릉中山陵이 있다.

현재 이 건물은 호텔 내의 고급 음식점으로 사용되고 있다. 그래서인지 이 음식점에 대한 평가를 보면 대부분 '가서 먹어본 사람들의 말을 들어보면'으로 시작해서 '분위기가 엄청 좋다'로 끝을 맺는다. 솔직히 말해서 이 건물은 빙산의 일각에 불과하다. 안팅루安亭路를 느긋하게 걷다 보면 이와 비슷한 건물을 적어도 다섯 채 이상 발견하게 될 것이다. 신고전주의 건축에서부터 영국풍과 바로크풍의 건축들이 채 삼백 미터도 안 되는 짧은 오솔길 위에 줄줄이 들어서 있기 때문이다.

가능하다면 가을철에 오는 것을 추천한다. 그때쯤이면 거리에 있는 오구나무 잎들이 붉게 물들어 건물이나 거리를 더욱 아름답게 만든다. 가을이면 이 거리의 붉은 단풍잎은 건물의 노란 벽면과 아름답게 조화를 이루고, 붉은 지붕이 덮인 스페인풍 건축은 한 폭의 그림처럼 멋진 풍경을 만들어 낼 것이다. 천천히 거리를 거닐며 아름다운 건축물을 감상하다 보면 그 모습이 마음속 깊은 곳에 저절로 간직될 것이다.

파란만장한 세월을 겪은
현대 건축물

# **헝산** 호텔

衡山宾馆
上海市徐汇区衡山路534号

헝산루衡山路에서 완핑루宛平路에 이르는 구간은 수많은 도로가 교차하여 도심의 중추적인 역할을 한다. 이런 복잡한 거리 한쪽에 고층빌딩 하나가 우뚝 솟아 사람들의 시선을 사로잡는다. 바로 헝산 호텔이다.

"이 건물은 오래되었지만 참 멋져요!"

건물 맞은편에 있는 공원 경비원이 건물 사진을 찍는 사람에게 감탄하듯 한마디를 툭 내뱉었다. 그러자 분수대 옆 돌계단에 앉아 있던 사람이 그에게 불쑥 질문을 던졌다.

"이 건물은 도대체 언제 지은 겁니까?"

경비원은 분수대 옆에 있는 사람들의 시선이 자신에게 집중되자 당황한 듯 대답을 피했다. 하지만 잠시 걸음을 멈추고 빌딩 주변을 주의 깊게 살펴보면 건물 준공 연도를 짐작할 수 있는 조형물을 발견할 수 있다. 그 조형물에는 '1934'라

는 숫자가 새겨져 있는데, 이시기는 상하이 전역에서 아트 데코Art Deco[1] 양식이 유행하던 때였다. 특히 프랑스 조계지 일대에는 다소 복잡한 디자인의 건축물이 여럿 등장하였다. 하지만 형산 호텔의 건축양식은 당시 유행하던 것과는 조금 다르다. 화려한 장식은 배제하고 군더더기 하나 없이 깔끔하게 지어졌기 때문이다. 높고 웅장한 이 건물은 마치 왕이 자신의 영토를 지긋이 굽어보는 듯한 모습으로 당당히 서 있다.

형산 호텔은 상하이에 최초로 모더니즘 양식을 도입한 건축물 중 하나이다. 이 건물이 지어지게 된 배경에 관해 설명하면, 1920년대에 생겨난 만국저축회万国储蓄[2] 부터 언급해야 한다. 만국저축회는 프랑스 상인에 의해 시작된 것으로 일반 저축과는 달리 기한이 20년이었다. 기한이 만료되면 한꺼번에 원금, 이자, 배당금을 돌려주었고 상여금을 별도로 지급해 주기도 했다. 이것은 기금과 비슷한 형태로 모인 돈을 주로 상하이 부동산에 투자하였다. 따라서 상하이 부동산 건설에 쓰인 자본금은 프랑스 금융기관이 출자한 것이라고 할 수 있다. 공교롭게도 건물을 설계한 디자이너 역시 르네 미뉘티Rene Minutti 라고 하는 프랑스 사람이었다. 모더니즘 건축양식의 유행을 선도하던 이 프랑스 건축 디자이너에 의해 프랑스 조계지에는 절제된 모더니즘 붐이 일게 되었다.

1950년대까지 헝산 호텔은 주택으로 사용되었지만, 60년대에 들어서면서 점차 호텔로서 면모를 갖춰가기 시작했다. 그리고 지금까지 상하이에서 가장 오래된 고급 호텔로 주목받고 있다. 이곳이 이토록 오랫동안 사랑을 받게 된 비결은 아마 건축물 자체의 우수성 때문일 것이다. 호텔 내부로 들어가면 지금 보아도 심플하고 웅장한 내부 인테리어에 깜짝 놀랄 것이다. 그뿐만 아니라 얼굴이 비칠 정도로 반들거리는 대리석 장식은 으리으리해 보여 사람을 압도한다. 사실 이곳은 상하이 최초의 국제 호텔이다. 그래서인지 상하이에 사는 토박이들은 헝산루 주점 거리가 번성하게 된 것이 이 호텔 때문이라고 여긴다.

헝산 호텔이 주택으로 사용되던 시기에는 이곳이 서구적인 주택양식의 매개체 역할을 하기도 했다. 당시 이곳은 상하이 화이트칼라 계층의 꿈의 주택이었다. 이후에 한동안 폐쇄되었다가 또다시 상하이에 서양식 라이프스타일을 끌어들이는 결정적인 역할을 하게 되었다. 결국 이 건물은 옛 추억을 만끽할 수 있는 복고풍 호텔로 변모하여 우리 곁으로 다시 돌아오게 되었다.

---

*1* 프랑스어 'Art Decoratit'를 줄인 말로 장식 예술이라는 뜻이다.
*2* 20세기 상반기에 활동한 프랑스 금융기관으로 상하이의 프랑스 조계지에서 설립되었다.

도심 속 공원에서
마음으로 듣는 고전 음악

# **쉬자후이** 공원

———

徐家汇公园
上海市徐汇区肇嘉浜路889
톈핑루天平路 와 완핑루宛平路 사이

쉬자후이徐家汇 거리는 교통도 복잡하고 지나다니는 사람도 많아 멀리서 보면 마치 현대판 청명상하도淸明上河圖¹ 같다. 하지만 사람들로 북적이는 이 거리에 유달리 눈에 띄는 초록빛 청정지역이 하나 있다. 바로 바쁜 일상으로 지친 도시인들의 안식처가 되어 주는 쉬자후이 공원이다. 이곳은 그 누구도 따라올 수 없는 아름다운 경관을 보유하고 있다.

공원 입구에 우뚝 솟아 있는 거대한 굴뚝은 상하이의 공업 역사를 증명하듯 오늘날까지도 그 자리를 굳건하게 지키고 있다. 과거 이 굴뚝 아래에는 1926년에 문을 연 다중화大中华 고무공장이 있었다. 중화민국 시기 이 공장은 민족 공업 발전의 선두주자로 나서 중국 내에서 최초로 타이어를 생산했다. 덕분에 당시 타이어 생산을 독점하고 있던 해외 브랜드를 밀어내고 국내 생산을 진행할 수 있었다.

이처럼 이 공장은 좋은 성과를 거두기도 했지만, 또 다른 측면에서는 도심의 공기를 오염시키는 주범이기도 했다. 이곳에 공원을 건설하게 된 것도 중공업 지대를 녹지로 바꿔 도심을 생산 중심에서 환경 중심으로 전환하기 위한 노력이었다. 공원을 건설할 당시 유일하게 남겨둔 것이 바로 이 공장 굴뚝이었다. 굴뚝을 허물지 않고 남겨둔 채 꼭대기 부분에 모자 같은 구조물을 씌워서 그 안에 광섬유를 설치했다. 그래서인지 굴뚝 꼭대기 부분이 빛을 발산할 때면 마치 굴뚝에서 연기가 피어오르는 것처럼 보인다. 이런 광경은 과거의 중공업 역사를 재현해 주는 듯해서 사람들에게 옛 추억을 떠올리게 하면서 동시에 경종을 울리는 역할을 한다.

공원 북쪽에 심겨 있는 한 오래된 녹나무 뒤쪽에는 프랑스풍의 빨간 벽돌 건물이 있다. 이곳은 건축도 볼만하지만, 중국 최초의 대중가요와 음반사업의 발원지라는 점에서 더욱 의미있다. 이 건물 안에 중국 최대 규모의 음반사였던 바이다이百代가 있었기 때문이다. 이 작은 3층짜리 건물의 1층에는 상하이 최초로 녹음설비를 갖춘 녹음실도 있는데, 1980년대까지만 해도 이 녹음실은 계속 사용되었다. 현재 이 건물의 바깥쪽에는 독일산 레코드판 복제기를 전시되어 있다.

이 건물을 바라보고 있으면 당시 유행하던 고전 음악이 귓가에 계속 맴돌아 아름다웠던 그 시절로 되돌아간 듯한 느낌이 든다. 눈을 감고 천천히 음미해 보자! 네얼聶耳과 톈한田汉이 작곡하고 작사한 '의용군 행진곡'[2]이나 메이란팡梅兰芳이 부른 경극 '구이페이 쭈이주贵妃醉酒'[3]의 한 대목 같지 않은가?

신중국이 설립된 이후에도 이 아담한 붉은 벽돌집은 줄곧 상하이의 음악문화를 고수하고 있다. 하지만 당시 이 건물은 지금처럼 아름답지 않았다. 그 당시 모습을 기억하고 있는 사람들은 변화된 건물의 모습을 보고 감탄하며 이렇게 말하곤 한다.

"당시 이 건물의 외벽은 지금처럼 깨끗하지 않고 무척 낡았었어요. 리모델링 후에 이렇게 새로운 모습으로 탈바꿈하게 된 거죠. 계단 모퉁이 부분의 목조 장식을 제외하고는 모조리 바뀌었어요."

---

*1* 중국 북송北宋 말기 장쩌돤張擇端이 그린 풍속화로 청명절清明节 도성의 번화한 풍경을 담았다.
*2* 중국 국가国歌이다.
*3* 청清나라 초기, 홍성洪升이 지은 장편 희곡《창성뎬长生殿》의 한 대목을 따서 만든 경극이다.

새로운 모습으로 단장한
옛 골목길

# 헝산팡

衡山坊
헝산루衡山路 와 톈핑루天平路 입구

"응? 여기에 이렇게 멋진 곳이 언제 생긴 거지?"

유모차를 밀고 가던 한 아주머니가 눈앞에 펼쳐진 광경을 보고 놀란 듯 호들 갑스럽게 말했다. 헝산루衡山路에 있는 헝산팡을 오늘 처음으로 발견한 모양이었다. 사실 헝산팡은 사람들 눈에 잘 띄지 않는 곳에 위치해 아는 사람이 드물었다. 하지만 지금은 시끌벅적한 번화가나 화려한 쇼핑몰 옆에 새로운 로프트 스타일을 개척해 널리 알려지게 되었다.

원래 이곳은 조용한 주택골목이었다. 하지만 보수되거나 새로운 건물이 들어서면서 지금까지 보지 못했던 남다른 여가생활 공간이 등장하게 되었다. 맑은 날에는 나른한 오후 햇살이 노란빛을 띠는 건물 위를 비춰 따뜻한 분위기를 만들어 낸다. 그리고 엇비슷한 문양으로 장식된 창틀이나 거칠게 마감 처리된 벽면은 건물의 아름다운 본모습을 그대로 드러낸다.

1930~40년대에 조성된 이 주택골목은 예전에 수더팡樹德坊이라고 불렸다. 이곳은 두 종류의 건축양식을 보인다. 북쪽 지역은 상하이의 전형적인 골목 주택양식으로 남쪽 지역은 정원주택 양식으로 지어졌다. 이곳이 수더팡이라고 불리던 시기, 이 골목을 아는 사람은 많지 않았다. 오랫동안 오동나무 그늘에 숨어서 세상과는 무관한 듯 조용히 숨어 지냈기 때문에 사람들의 관심을 끌지 못했다. 하지만 수더팡 출신 중에는 영향력이 큰 문예계 인사들이 많다.

세월의 흐름에 따라 상황이 변하듯이 수더팡도 헝산팡으로 이름을 바꾸면서 새로운 면모를 드러내기 시작했다. 건물도 새로 지은 것처럼 깔끔하게 변신해 놀라움을 안겨 주었다. 건물과 골목길을 새롭게 단장해 거리가 순식간에 밝고 환한 분위기로 바뀌어 버린 것이다. 그뿐만 아니라 녹지가 조성되고 조각상이 곳곳에 들어서면서 거리에 운치가 더해졌다.

하지만 이렇게 리모델링하는 과정에서 이곳에서 흔히 볼 수 있던 골목 풍경도 함께 사라져 버렸다. 비틀거리며 거리를 걷던 꼬부랑 할머니나 지붕 위에서 펄럭이던 만국기도 이제 더는 볼 수 없다. 슬리퍼를 질질 끌며 타구를 들고 다니던 이웃집 아주머니의 모습도 자취를 감춰 버렸다. 아쉽게도 이제 더는 이 골목에서 페이무費穆[1]나 메이란팡梅兰芳 같은 위대한 인물이 나타나는 것을 기대할 수 없게 되었다. 이곳이 새로운 모습으로 완전히 탈바꿈했기 때문이다.

헝산팡은 어떤 곳이라고 딱 꼬집어 말하기 어렵다. 별것 없을 것 같으면서도 음식점이나 부티크, 갤러리 등 있을 건 다 있기 때문이다. 이곳은 마치 '신톈디新天地'[2] 같다. 건물 앞에 펼쳐진 야외 파라솔 테이블에는 수많은 사람이 커피나 술, 맛있는 음식을 먹으며 즐거운 한때를 보낸다. 2층 발코니에서 식사를 하거나 차를 마시며 휴식을 취하는 사람들의 얼굴에도 환한 미소가 번진다. 조금 한산한 한 부티크는 매우 독특해 보인다. 손님이 있든 없든 전혀 개의치 않고 자신의 독특한 개성을 과시하는 것에 만족하는 듯하다.

이 골목 안에는 예술을 좋아하는 사람들의 관심을 끌 만한 갤러리나 예술품 상점도 있다. 이렇게 타운 형태로 형성된 예술의 거리에는 저마다 독특한 개성을 자랑하는 상점들이 즐비하다. 그중에서도 갤러리의 직원들이 친절하게 손님을 맞이해 가장 마음에 든다. 직원들은 조용히 작품을 감상하고 싶다고 하면 방해하지 않고 가만히 내버려 두고, 궁금한 것이 생겨 질문하면 바로바로 응대해 준다. 이곳의 예술작품은 전위적인 편이다. 비록 공간에 제한이 있긴 하지만, 갤러리에 있는 작품들을 정성스럽게 배치하여 남다른 예술적 감각을 뽐내고 있다.

---

*1* 영화 감독이자 시나리오 작가이다.
*2* 상하이 황푸취黄浦区 타이창루太仓路에 있는 쇼핑가이다.

동아시아 제일의
성당

## **쉬자후이** 성당

———
**徐家汇天主教堂**
헝산루衡山路 와 톈핑루天平路 입구

20세기의 상하이는 아무것에나 '동아시아 제일'이라는 명칭을 붙여도 상관없을 정도로 위세가 대단했다. 그 덕분인지 쉬자후이에 있는 한 성당도 '동아시아 제일의 성당'이라는 명성을 얻게 되었다. 하지만 성당을 마주하면 그 어떤 미사여구도 필요하지 않다는 것을 느끼게 될 것이다. 하늘을 찌를 듯한 시계탑이나 중후한 느낌이 드는 고딕양식, 성스러워 보이는 조각상을 보고 있으면 알 수 없는 전율마저 느껴진다. 심지어 뒤에 있는 건물은 눈에 들어오지 않을 정도로 독보적인 카리스마가 뿜어져 나온다. 이처럼 종교 성지로 이름난 쉬자후이 성당은 상하이 문화를 발전시킨 대표적인 건축이라고 할 수 있다.

과거 명明나라 때 중국에서 가장 유명한 천주교도인 쉬광치徐光가 이곳 쉬자후이에 살았다. 그때부터 프랑스 선교사들은 쉬자후이에 예수회 회관을 건설하고 전도를 시작했다. 달리 말해 천주교의 전파와 더불어 서구의 문물도 함께 도입되었다. 이러한 사실은 쉬광치가 집필한 저서에도 자세히 기록되어 있다.

지금 눈앞에 펼쳐져 있는 웅장한 자태의 쉬자후이 성당은 선교사들이 만들어 낸 최고의 걸작품이라 할 수 있다. 10년에 걸쳐 완공된 이 고딕 양식의 성당은 실로 어마어마한 규모이다. 본당의 높이는 $60m$이고, 양쪽에 고딕 양식으로 지어진 시계탑과 뾰족한 꼭대기 부분의 높이는 $50m$에 달한다. 그리고 성당의 너비는 $28m$나 돼서 한 번에 3,000여 명을 수용할 수 있다.

하지만 글로 자세하게 설명한다 해도 눈으로 직접 보는 것만 못 할 것이다. 과거 종교인들이 탐방을 다니면서 이 성당을 찾았을 때는 마치 비밀스러운 장소에 숨겨진 건축 같다고 말하곤 했지만, 지금은 쉬자후이가 관광 명소로 주목받으면서 이 성당도 자연스럽게 대중에게 알려지기 시작했다.

이곳에 오면 안내원의 인솔하에 성당 내부를 마음껏 구경할 수 있다. 안내원은 삼위일체에서부터 명화 '최후의 만찬' 속에 나오는 배신자 유다에 관한 이야기까지 친절하게 설명해 준다. 벽화에 얽힌 에피소드를 듣다 보면 마치 천주교 교과서 한 권을 펼쳐 들고 읽고 있는 듯한 느낌이 들지도 모른다. 나는 안내원의 설명을 들으며 성당 내부를 살펴보았다. 높이 솟아 있는 돔형 지붕은 완벽한 곡선을 그리고, 스테인드글라스에 투과된 흐릿한 그림자는 어두운 벽면을 비췄다. 얼핏 보아도 건물의 모든 부분이 완벽하게 대칭을 이루고 있는 듯했다.

아쉽게도 이곳은 사진 촬영을 금지하고 있다. 그래서 어쩔 수 없이 가능한 오래 머물면서 성당 구석구석의 아름다운 풍경을 머릿속에 담아야 했다. 성당 내에 아름다운 장소가 워낙 많다 보니 내 머리가 이것을 잘 담을 수 있기만을 바랄 뿐이었다.

쉬자후이 성당은 천주교의 전파와 쉬광치의 계몽활동으로 중국이 몇백 년간 서양의 문물을 받아들였던 양상을 축소판처럼 보여 준다. 즉 선교사가 처음 등장해서 우호적인 교류가 이루어질 때부터 통상수교 거부정책으로 인해 모든 교류를 거부할 때까지, 그리고 더 나아가 서구 세력이 무력으로 중국의 문호를 개방하기 위해 전쟁을 벌일 때까지 쉬자후이는 줄곧 서양과의 교류에 있어서 교두보적인 역할을 했다. 결국 오랜 세월 동안 수많은 모진 풍파를 겪으면서도 살아남은 이곳의 고건축은 중국과 서양 문화 교류의 역사적인 산물이 되었다.

이곳에 와서 쉬자후이를 둘러보면 서구의 문물이 중국으로 밀려들게 된 근원을 파헤칠 수 있을 것이다. 그래서 쉬자후이 탐방은 일종의 역사 탐험이라고 할 수 있다.

외백도교

外白渡桥

쑤저우허苏州河를 거닐다 보면 강 위에 건설된
다리에 얽힌 다양한 이야기가 들려올 것이다.
그리고 주변의 낡은 창고나 고건축물이 새로운 모습으로
탈바꿈하게 된 이야기도 함께 들려올 것이다.
그것은 나의 이야기일 수도 있고, 당신의 이야기일 수도 있다.

莫干山路

# 모간산루

134
莫干山路
W    Moganshan Rd.

莫干山路
杆号 19
灯号
13014019

# 산책하기 좋은
# 쑤저우허 주변

사람들은 황푸장黃浦江을 상하이의 젖줄이라고 표현한다. 하지만 친밀도로 따지자면 과거 창장강長江 이남 지역을 감싸 흐르던 쑤저우허苏州河가 그렇게 불려야 할 것이다. 왜냐하면 쑤저우허가 우쑹장吳淞江이라고 불리고, 상하이가 화팅셴华亭县이나 쑹장푸松江府라고 불리던 시절부터 쑤저우허는 이 물의 도시를 촉촉이 적시고 있었기 때문이다. 상하이는 이 강으로 인해 눈부신 발전을 이룩하여 대도시의 면모를 갖추게 되었다고 해도 과언이 아니다. 이후에 쑤저우허는 100여 년이라는 긴 시간 동안 상하이의 놀라운 변신을 곁에서 묵묵히 지켜보았다.

수로를 제어하기 위해서는 육로와 잘 연결되어 있어야 한다. 따라서 쑤저우허에는 수많은 교량이 건설되어 상하이의 남과 북을 연결하고 있다. 이렇게 건설된 교량들은 식민 시기에는 영국과 미국 조계지를 연결하는 통로가 되었고, 항전 시기에는 난민들의 피난 길목이 되었다.

쑤저우허는 상하이 상업발전을 촉진하는 도구로 사용되었으며 현재에도 수많은 물자가 이 강의 수로를 통해 끊임없이 드나들고 있다. 그 덕분에 강기슭에는 무수히 많은 창고가 들어서게 되었다. 이와 동시에 치열한 자본의 흐름이나 상업적 이권을 차지하기 위한 분쟁, 상하이와 관련된 전설적인 이야기들이 흐르는 강물처럼 끊임없이 생겨났다.

최근에는 많은 사람이 산책을 위해 이곳을 찾고 있다. 그들은 이 도시를 함께 일궈낸 강과 다리, 그리고 강기슭에 건설된 건축물을 바라보며 상하이에 관한 이야기를 나누곤 한다.

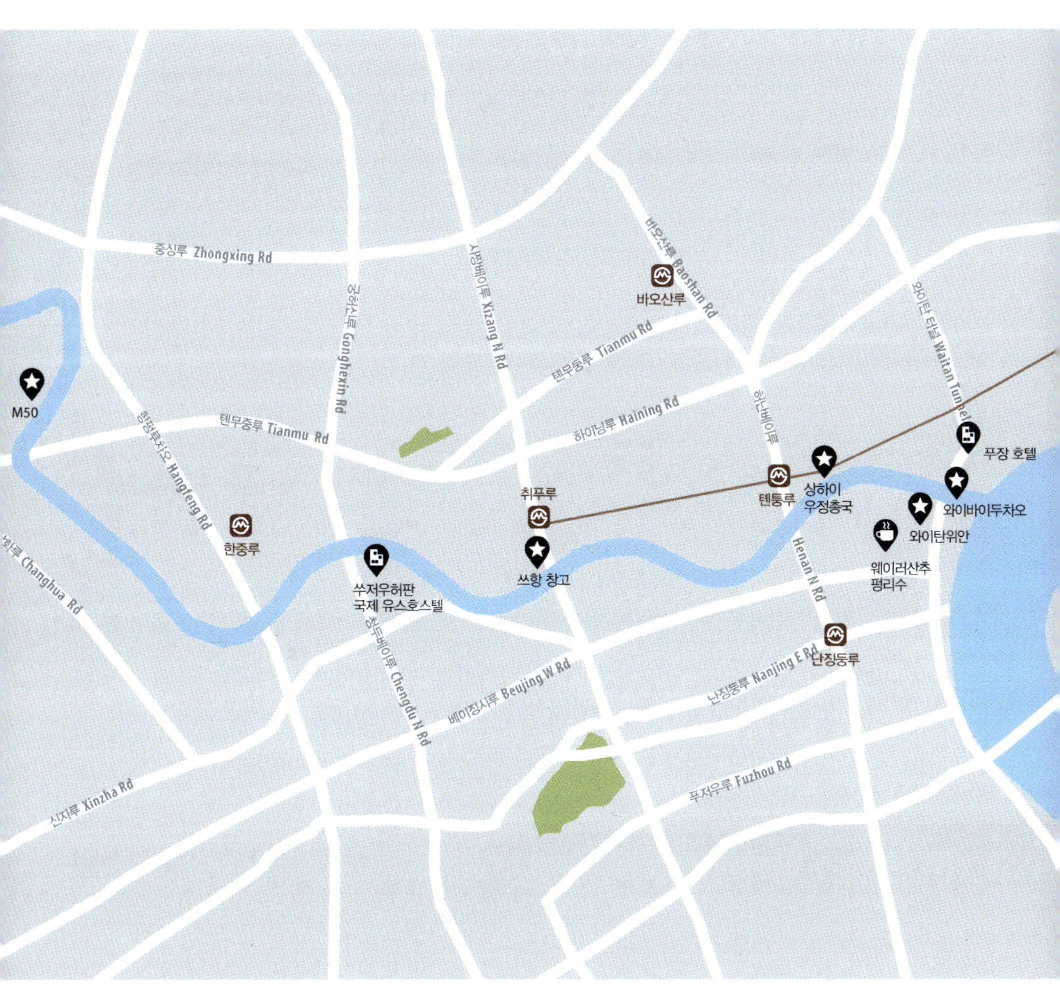


▶ 와이바이두차오 → 푸장 호텔 → 와이탄위안 → 웨이러산추 펑리수 →
상하이 우정총국 → 쓰항 창고 → 쑤저우허판 국제 유스호스텔 → M50

강철로 만들어진
전설의 다리

# **와이바이두**차오

外白渡桥
황푸취黄浦区와  홍커우구虹口区 사이

와이바이두차오는 상하이에서 가장 유명한 다리라고 할 수 있다. 탄생부터 지금까지 이 다리에 얽힌 이야기를 살펴보면 상하이 역사의 축소판이라고 해도 과언이 아니다. 와이바이두차오의 다리 어귀에 서서 균일하게 얼기설기 얽혀 있는 다리의 철근들을 바라보면 그 매력 속으로 홀딱 빠져들게 될 것이다.

사실 예전의 와이바이두차오는 썩기 쉬운 나무로 만들어졌으며 공짜로 다리를 건널 수도 없었다. 나중에서야 목조가 철근으로 바뀌고, 통행료를 받던 것이 무료로 전환되었다. 이러한 발전 과정을 지켜보고 있으면 마치 어느 봉건 도시의 개항 역사를 보고 있는 듯하다. 이 도시는 대부분 농업지역이었으나 어느 날 주력 산업을 공업으로 바꾸었고, 영세한 어촌 마을을 체계적으로 관리하여 현대적인 도시로 재탄생시켰다. 결과적으로 와이바이두차오는 와이탄外滩의 끄트머리에 세워져 오랜 세월 동안 와이탄이 자그마한 항구에서 만국건축박람회센터와 금융센터로 화려하게 발전해가는 과정을 지켜보게 되었다.

와이바이두차오는 상하이의 모든 영광과 치욕을 함께했다. 하지만 몇 년 전 다리는 사라질 운명에 처하기도 했다. 뒤늦게 이 다리를 상하이 사람들 곁에서 떼어 놓을 수 없다는 사실을 깨닫고 다리를 보수해서 다시 사용하게 되었다. 사실 상하이 사람들은 훨씬 이전부터 와이바이두차오가 영원히 그들과 함께할 것이라고 믿고 있었다. 왜냐하면, 이 다리에는 너무나도 많은 상하이의 이야깃거리가 담겨 있기 때문이다.

다리 맞은편에 있는 둥팡밍주东方明珠나 상하이센터上海中心가 발 디딜 틈 없이 인산인해를 이루는 것에 비해 이곳은 늘 한산하지만, 관광객들은 잊지 않고 와이바이두차오를 배경으로 기념사진을 찍는다. 이곳만의 독특한 분위기가 있기 때문이다.

아침이면 외국인들이 와이바이두차오 위에서 음악을 들으며 희미하게 밝아오는 새벽빛을 뚫고 조깅을 한다. 저녁이 되면 웨딩 촬영을 하기 위해 예쁘게 예복을 차려입은 예비부부가 펑펑 터지는 플래시 세례 속에서 그들만의 아름다운 순간을 남긴다. 버스가 쌩쌩거리며 지나갈 때면 순간적으로 다리가 부르르 떨리는 신기한 경험도 해 볼 수 있다.

먼발치에서 다리를 바라보고 있으면 머릿속에 여러 장면이 떠오를 것이다. 그것은 하얀 머플러를 두르고 멋지게 서 있는 애국청년 쉬원창许文强[1]일 수도 있고, 다리 위에서 몸을 사리지 않고 뛰어내리는 연기를 하는 자오웨이赵薇[2]일 수도 있다. 어쩌면 과거 자신의 모습이 떠오를지도 모른다.

---

*1* 1920년대 상하이를 배경으로 한 드라마 '상하이탄上海滩'의 주인공 이름이다.
*2* 중국의 배우 겸 가수이다. 드라마 '칭선선 위멍멍情深深雨蒙蒙'에 자오웨이가 와이바이두차오에서 뛰어내리는 장면이 있다.

시간을 거슬러 올라가
체험하는
상하이의 상류사회

## 푸장 호텔
### Astor House Hotel

浦江饭店
上海市虹口区黄浦路15号

역사가 오래된 호텔을 표현할 때면 여러 가지 수식어가 등장한다. 그들에게는 유구한 역사, 숨겨진 내막, 변함없는 옛 모습, 로맨틱한 분위기, 끝없는 상상 등 다양한 미사여구가 붙곤 한다. 와이탄外灘 북쪽 끝에 있는 와이바이두차오外白渡桥 어귀에도 바로크 양식으로 지어진 오래된 호텔이 하나 있다. 내부에는 화려한 샹들리에와 아치 형태의 벽, 스테인드글라스로 장식된 돔형 지붕, 삐걱대는 나무 바닥, 수동으로 조작되는 엘리베이터 등이 있어 마치 상하이 조계지의 축소판을 보는 듯하다.

푸장 호텔이 리차 호텔礼査饭店 이라고 불리던 시절, 이곳에는 상하이에서 가장 유명한 사교 무도회장이 있었다. 지금도 호텔의 쿵췌팅孔雀厅, Peacock Hall 으로 들어설 때면 유럽식 극장 같은 홀에서 화려한 의상을 입은 신사 숙녀가 은은하게 울려 퍼지는 댄스곡을 들으며 대화를 나누는 모습이 떠오른다.

푸장 호텔은 이런 귀족적인 분위기 덕분에 당시 상하이에서 가장 화려했던 시상 호텔西商饭店을 누르고 동아시아 제일의 호텔이라는 영예를 얻게 되었다. 지난 100년의 역사를 되짚어 보면 푸장 호텔은 상하이의 경제·문화·정치 교류에서 매우 중요한 역할을 했다고 할 수 있다. 덕분에 이곳은 세계 각국 유명인사들이 선호하는 호텔이 되었고, 이로 인해 푸장 호텔은 발전의 기틀을 다지게 되었다.

6층 높이의 푸장 호텔은 철근 콘크리트, 벽돌, 나무를 골조로 지어졌다. 외관만 보면 영국 빅토리아 시대의 화려한 건축양식이 가장 먼저 눈에 띄지만, 자세히 살펴보면 상하이 전통 양식도 갖추고 있다.

동방의 '월도프 아스토리아 호텔Waldorf Astoria Hotel'[1]이라고 불리는 이 호텔의 304호 객실에는 아인슈타인이 묵은 적이 있다. 310호에는 영국의 철학자 버트런드 러셀, 410호에는 미국의 전직 대통령 율리시스 그랜트, 8103호에는 이탈리

아의 과학자 굴리엘모 마르코니, 303호에는 미국의 유명 작가 에드거 스노 부부가 묵었다. 예술계의 거장 찰리 채플린은 이곳에 두 번이나 묵었다고 한다. 현재 푸장 호텔은 유명인사가 묵었던 객실을 셀럽룸Celeb Room으로 새롭게 단장해 투숙객들에게 제공하고 있다. 이 룸들은 대부분 3층과 4층의 중앙 홀 주변에 자리한다.

가만히 살펴보면 역사는 돌고 도는 것 같다. 푸장 호텔의 예전 주인은 당시 상하이에서 명성이 자자했던 유대인 카두리Kadoorie였다. 하지만 사업 부진으로 인해 그가 운영하던 기업은 상하이를 떠나 홍콩으로 옮겨졌다. 그 시작이 바로 페닌술라 호텔Peninsula Hotel이었다. 몇 년 전 카두리의 후손이 페닌술라 호텔을 다시 상하이로 들여왔는데, 공교롭게도 바로 푸장 호텔 맞은편에 들어섰다. 와이바이두차오를 사이에 두고 두 건물이 마주 보게 된 것이다. 무려 70~80년을 기다려 온 일이 실현되고 보니, 돌고 도는 세상사에 감탄이 절로 나올 뿐이다.

<hr>

1 뉴욕에 위치한 고급 호텔이다.

새롭게 등장한
럭셔리한 거리

# 와이탄위안

外灘源
위안밍위안루圆明园路 와 후추루虎丘路 일대

와이탄위안은 과거 화려했던 상하이의 모습을 담고 있는 장소이다. 1830~40년대에 이곳은 경마장으로 사용되었고, 1900년대 초기에는 와이탄外滩주변에 다양한 양식으로 지어진 건축물이 들어섰다. 1940년대에 접어들면서 이곳에는 바이러먼百乐门 무도회장이 생겨났다. 이처럼 와이탄위안은 상하이 구세대들의 추억이 깃든 장소라고 할 수 있다. 아마 상하이 신세대들은 짐작조차 하지 못할 것이다. 다시 말해 상하이 역사의 흥망성쇠를 함께한 곳이 바로 와이탄위안이다.

지도상으로 보면 와이탄위안의 면적은 $1.68$만$m^2$ 정도이다. 위안밍위안루圆明园路, 베이징둥루北京东路, 후추루虎丘路, 난쑤저우루南苏州路를 전부 합친 정도의 면적이다. 이곳에는 과거 식민 시기의 건축물이 밀집해 있다. 그리고 외곽 쪽에는 재건된 영국 영사관과 대성당이 있어 마치 중심가에서 동떨어져 있는 유럽의 작은 마을을 보는 듯하다.

　반면에 사람들의 왕래가 잦은 탄거루弹格路에는 수많은 건축물이 아름다운 풍경을 이루며 한 폭의 그림처럼 서 있다. 대성당에는 고딕 양식으로 지은 첨탑이 우뚝 솟아 있고, 전광빌딩真光大厦에는 헝가리 건축가 라슬로 휴덱Laszlo Hudec이 디자인한 뾰족한 가시 모양 장식이 달려 있다. 그리고 라인이 심플한 란신빌딩兰心大楼의 중앙 부분은 하늘을 향해 시원하게 쭉 뻗어 있고, 예전 상하이 주재 영국 영사관 건물은 정원 속에 숨은 듯 자리 잡고 있다. 이곳은 와이탄보다 훨씬 더 먼저 사람들에게 알려져 발전되었다. 중후한 분위기가 물씬 풍기는 이 거리는 얼마 떨어지지 않은 시끌벅적한 와이탄과는 확연한 차이를 보인다. 하지만 이곳은 한때 사람들의 관심에서 멀어지기도 했다. 이후 투자할 곳을 찾던 투자자들에 의해 다시 활기를 되찾아 지금의 모습이 되었다.

　와이탄위안은 지금껏 쌓여있던 묵은 먼지를 털어내고 상하이의 새로운 랜드마크로 자리매김하였다. 우아하고 모던한 부티크 호텔, 화려한 명품숍, 상류사회를 상징하는 프리미엄 요트숍, 맛좋은 냄새를 풍기는 미슐랭 레스토랑, 고급스러운 프라이빗 클럽, 품격 있는 갤러리 등이 차츰차츰 거리 곳곳에 들어섰다. 이로 인해 잊혀질 뻔했던 거리의 역사적인 건축들은 다시 생명을 얻게 되었지만, 일

반 서민들이 이용하기에는 조금 무리가 있었다. 작가 천단옌陈丹燕은 자신의 에세이《와이탄의 모습과 그 전설外滩影像与传奇》에서 이곳을 이렇게 묘사했다.

"나는 예전에 예배당 꼭대기 위에 올라가 본 적이 있다. 그곳에서 가만히 귀 기울이고 있으면 자동차가 거리를 지날 때마다 타이어가 노면에 마찰을 일으키며 '쉭쉭'하는 소리를 냈다……."

와이탄위안은 지금도 여전히 조용한 분위기를 유지하고 있다. 동시에 쑤저우허苏州河나 황푸장黄浦江 외곽 지역에서 끊임없이 새로운 부동산 개발 프로젝트가 진행되고 있다. 결국 와이탄위안은 상하이 개항 초기의 모습을 그대로 간직한 채, 이 도시의 화려한 라이프스타일을 보여 주는 대표주자가 되었다.

다시 헝가리 건축가 휴텍Laszlo Hudec이 디자인한 전광빌딩으로 가 보니 젠틀해 보이는 젊은 남성이 노란 화초에 둘러싸인 카페에 앉아 있었다. 그는 마시던 커피잔을 위로 치켜들며 '또 보네요!'라고 말하듯이 인사를 건넸다. 이렇듯 거리의 여유로운 오후가 다시 시작되면서 상하이에 관한 이야기도 앞으로 계속 생겨날 것이다.

우연히 탄생한 맛의
신세계

## 웨이러산추 펑리수
Sunny Hills

微热山丘  凤梨酥
上海市黄浦区圆明园路133号洛克外滩源
기독교 여성 청년회 건물 2층
62363300

“와! 상하이에도 웨이러산추가 있다니!”

타이완에서 온 한 동창생이 기독교 여성 청년회 건물 위에서 바람에 나부끼고 있는 웨이러산추의 로고가 새겨진 깃발을 발견하고는 깜짝 놀라며 탄성을 질러댔다. 웨이러산추는 타이완에서 가장 유명한 펑리수 브랜드 중 하나로 중국에는 유일하게 상하이에만 분점이 있다.

“와이탄에서 펑리수를 판다고? 정말 대단한데!”

한 아주머니는 웨이러산추에 앉아서 펑리수를 먹으면서도 이런 품격 있는 거리에 어떻게 펑리수가 들어올 수 있는지 믿을 수 없다는 듯한 표정을 지었다. 아주머니의 생각대로 이곳은 럭셔리하고 고급스러운 레스토랑이 즐비한 곳이라 펑리수 가게가 입점하게 된 것은 분명 의외이다.

우아하면서도 화려하게 장식된 1층 로비를 지나 2층으로 올라가면 넓고 깔끔한 매장 내부가 눈앞에 펼쳐진다. 예술적인 분위기가 물씬 풍기는 창틀 맞은편에는 심플한 테이블이 길쭉하게 놓여 있다. 창밖을 바라보면 고급스러운 분위기가 물씬 풍기는 와이탄위안外灘源과 와이탄外灘이 보인다. 그리고 벽 위에는 타이완의 이란宜兰이라는 도시의 풍경화를 걸어 두었는데, 이곳의 펑리수가 타이완에서 온 것이라는 사실을 손님들에게 알려 주는 듯하다.

“시식 한번 해 보시겠어요?”

이곳에 들어가면 산뜻하게 차려입은 여성 종업원이 애교 섞인 목소리로 손님들에게 펑리수 시식을 권한다. 자리에 앉으면 종업원이 나무 쟁반에 차와 시식용 펑리수를 가져다준다. 쟁반 위에는 백합 한 줄기를 예쁘게 올려 장식했다. 펑리수를 예술의 경지로 끌어올리려고 노력한 흔적이 엿보이는 듯하다.

포장지를 뜯어보면 길쭉한 황갈색의 펑리수가 나타난다. 동시에 반죽을 만들 때 쓰이는 우유와 달걀 냄새가 코끝을 자극한다. 한입 깨물어 먹으니 펑리수를 만들

때 쓰이는 동과冬瓜 맛은 전혀 느껴지지 않았다. 그뿐만 아니라 평소 먹던 펑리수와는 달리 안에 든 소가 정말 부드러웠다. 처음 먹었을 때는 시큼한 맛이 강했지만, 먹을수록 안에 든 소에서 독특한 파인애플 향이 우러나왔다. 단맛도 너무 강하지 않아 자연 그대로의 맛이 느껴졌다.

웨이러산추의 펑리수는 우연한 기회에 만들어진 것이라고 한다. 웨이러산추의 사장은 원래 타이완 난터우南投에서 차를 재배하던 사람이었다. 그는 차와 함께 파인애플도 재배했는데, 2008년도에는 우롱차와 파인애플 둘 다 판매가 부진했다. 하지만 그는 굴하지 않고 브랜드 기획자에게 새로운 펑리수를 만들게 함과 동시에 독창적인 마케팅 방안을 마련하게 했다.

그렇게 탄생하게 된 것이 평소에 늘 접할 수 있는 동과 대신에 진짜 파인애플을 넣어 만든 웨이러산추의 펑리수이다. 게다가 뉴질랜드산 버터와 일본산 밀가루를 사용해 순식간에 명품 펑리수라는 명성을 얻게 되었다. 그리고 독특한 마케팅 전략을 펼치기 위해 도시마다 세련된 디자인으로 꾸며진 펑리수 체험관을 열기도 했다.

웨이러산추의 펑리수는 자당과 맥아당을 제외하고는 어떠한 첨가제도 넣지 않는다고 한다. 그래서인지 이곳의 펑리수를 먹으면 찬란한 햇빛을 품은 타이완 남부의 맛이 입속으로 그대로 전해지는 듯하다. 우연히 만들어진 웨이러산추의 펑리수는 우여곡절 끝에 상하이까지 넘어오게 되었고, 결국 이곳 황푸장黃浦江에 전통적인 타이난台南의 맛이 알려지게 되었다.

'항공 우편'을 통한
시간 여행

# 상하이
# 우정총국

———

上海邮政总局
上海市虹口区北苏州路250号

우정박물관에 소장된 청대淸代 우체통

상하이 우정총국은 지나칠 수 없는 상하이의 대표 건축물이다. 이곳에는 마치 에게해의 건축물처럼 건물 벽면에 세워진 기둥들이 곧게 뻗어 있다. 건물 중앙에는 바로크 양식의 시계탑 우뚝 솟아 있고, 르네상스풍의 조각상이 고풍스러운 분위기를 한껏 자아낸다.

이곳은 영국인과 프랑스인이 중국에 들여온 현대적인 우체국 건물이다. 막 건축했을 당시에는 본관 앞에 '에어 메일Air Mail'이라고 쓴 영문 현판을 걸어 두었지만, 지금은 '중국우정中国邮政'이라는 글자로 바뀌어 있다. 그래서인지 그 앞에 서 있으면 중국 우편 역사에 관한 영화를 상영하는 극장 같은 느낌이 든다. 이곳은 상하이에서 최초로 현대적인 우편 업무를 시작한 곳이다. 그뿐만 아니라 이 건물은 중국과 서양의 문물이 각축을 벌이면서 상하이를 현대 도시로 탈바꿈시키는 과정을 지켜봤다.

이 건물은 1920년대에 건설되었다. 건물이 절충주의 양식으로 지어진 것처럼 처음 부지를 고를 때부터 중국과 서양 문화를 적절하게 절충할 수 있는 곳을 찾았다. 건물 구조도 독특한 U자 형태이다. 곳곳에 드러나 있는 정교한 디자인을 보면 와이탄外灘에 있는 만국 건축과도 어깨를 견줄 만하다.

이 고풍스러운 건물에서는 과거 사업을 그대로 이어받아 우편 업무를 처리하고 있다. 우편 업무를 보려면 정문으로 들어가 화려한 격자 문양의 대리석 바닥과 우아한 나선형 계단을 따라 2층의 홀로 올라가면 된다. 당시 이 홀은 '동아시아 제일의 홀'이라고 불릴 정도로 명성이 자자했다.

지금도 이곳은 당시 화려하고 웅장했던 모습을 그대로 보여 주고 있다. 대리석 바닥의 문양은 여전히 선명하고, 업무 창구의 고풍스러운 나무 테이블은 새것처럼 반질반질하게 윤이 난다. 천장은 너무 높아서 화려하게 장식된 문양이 잘 보이지도 않을 정도이다.

홀 내부에는 연세가 지긋한 어르신들이 유비카邮币卡, Stamp · Coin & Card[1] 창구 앞을 서성이거나 유비카 거래센터 전광판 앞에서 시세를 살피고 있다. 아마도 이들은 마지막으로 남은 유비카 애호가들일 것이다.

"이곳을 둘러보는 게 내 유일한 낙이에요. 건물도 아름답고 우표도 예쁜 것이 많아서 매일 올 만하답니다."

환갑이 넘은 듯한 어르신은 거래가 목적이 아니라 우표를 좋아해서 늘 이곳을 찾는다고 말했다. 그도 그럴 것이 홀 한쪽 구석에는 우정박물관도 있다. 여기에는 상하이의 우정 발전 역사와 국제 우편에 관한 다양한 자료가 전시되어 있다. 그뿐만 아니라 건물과 관련된 수많은 이야기도 소개하고 있어 한번쯤 와서 구경해도 좋을 것이다.

---

*1* 우표, 화폐, 전화카드를 가리키는 말로 중국은 우체국에서 이것을 거래하기도 한다.

쑤저우허 둔치에서
들리는 포성과
용사들의 함성

# **쓰항** 창고

---

四行仓库
上海市闸北区光复路1号

시장베이루西藏北路로 흐르는 쑤저우허苏州河의 북쪽 기슭에는
철근 구조로 된 6층 높이의 건물이 서 있다. 80여 년 전, 쓰항 창
고라고 불리던 이 건물에서 아주 비장한 전투가 벌어졌다. 후에
이 전투는 '쓰항 창고 800명의 용사'라는 이름으로 전해져 누구
나 한번쯤은 들어 본 이야기가 되었다.

　1930년 네 개의 은행이 함께 출자해서 지은 이 회색 창고 건
물을 사람들은 '쓰항四行'이라고 불렀다. 그리고 이곳은 지금도
창고로 사용되고 있다. 처음 지어졌을 때와 조금 달라진 점이
있다면 정문 앞에 세진위안谢晋元[1]의 동상이 세워졌다는 것이다.
그리고 800명의 용사를 추념하기 위한 기념관도 마련되었다.
이 건물을 최초로 설계한 휴덱Laszlo Hudec도 이곳이 이렇게 바뀌
리라고는 생각하지 못했을 것이다. 건물이 지어진 지 얼마 지나
지 않아 곧바로 전쟁이 발발했기 때문이다.

1937년 일본군이 중국을 침략하고 나서 얼마 후 상하이에서도 전투가 벌어졌다. 중국은 국제사회를 향해 단호한 저항의 의지를 내비쳤고, 장제스蔣介石도 자신의 정예부대인 88사단과 함께 상하이를 수호했다. 하지만 실제로 마지막까지 상하이에 남아 일본군에 저항했던 사람들은 400명 남짓한 지원부대였다. 그들은 쓰항 창고에 주둔해 진지를 구축했고, 적들에게 위축되어 보이지 않기 위해 영국 측에는 800명이라고 통보했다.

그들은 쓰항 창고를 진지로 삼아 5일 동안 공격과 방어를 하며 버텼다. 그러던 어느 날 양후이민杨惠敏이라고 하는 한 여성이 쓰항 창고로 몰래 국기를 들여보내 주었고, 그날 이후로 창고 위에는 타이완의 국기인 청천백일기靑天白日旗가 나부끼게 되었다. 그러자 쑤저우허 남쪽 기슭에 피난을 가던 3만여 명의 민중이 발길을 멈추고 모여 창고 위에 휘날리는 국기를 바라보았다는 이야기가 전설처럼 전해지고 있다.

현재 쓰항 창고 주위에는 녹색 보호막이 둘러져 있다. 절대 잊지 말아야 할 유적이므로 철저하게 보호하기 위해서이다. 이렇게 보존할 것은 잘 남겨 두어야 하지만 변화 역시 중요하다. 잘 살펴보면 쑤저우허 연안에도 수많은 변화가 있었다. 북쪽에는 서민들이 즐겨 찾는 문구용품 도매시장이 있고, 그곳에서 조금만 더 올라가면 쇼핑몰 '다웨청大悦城'이 있다. 그뿐만 아니라 동쪽에 새롭게 들어선 창이위안创意园, Creative Park[2]에는 오피스 빌딩 '쓰항 톈디四行天地'가 자리 잡고 있다. 이렇게 창고에 불과했던 쓰항 창고 주변에 현대화의 바람이 불어 5성급 호텔이나 1등급 오피스 빌딩, 고급 클럽 등의 최신식 건물이 들어서게 되었다.

고즈넉하고 세련된 분위기를 풍기는 쑤저우허 둔치와 쓰항 톈디, 그리고 항일 전쟁 당시 일본군을 공격하기 위한 거점이었던 다웨청에서 더는 포성이나 교전을 벌이는 소리가 들리지 않는다. 이제 이곳은 쇼핑과 유흥을 즐길 수 있는 장소로 완전히 변했다.

과거 전쟁을 치르던 시기에나 지금이나 쑤저우허는 같은 자리를 맴돌고 있지만, 쓰항 창고 주변에는 창이위안이나 고급스러운 빌딩이 세워졌다. 이렇게 변모하는 과정 중에 이곳의 건물과 이 나라가 겪은 모진 세월의 풍파에 관해 관심을 기울이는 사람은 거의 없을 것이다. 하지만 그들은 나라를 위해 앞장서 세상을 향해 중국 민족은 절대 굴복하지 않겠다는 의지를 명확하게 전달하였다. 그러므로 우리는 지난 역사를 절대 잊지 말아야 한다. 만약 이곳에 오게 되면 현대적인 쇼핑몰이나 화려한 클럽, 최신식 오피스 빌딩을 지나 쑤저우허 둔치로 와서 잠시 추모의 시간을 가져보는 것도 좋을 것이다.

---

*1* 상하이 전투 때 쓰항 창고에서 용사들을 이끌고 일본군에 대항했던 인물이다.
*2* 낡은 공장이나 낙후된 지역을 개발하여 문화예술 공간으로 새롭게 탈바꿈시킨 곳으로 일종의 문화산업단지의 개념이다.

두웨성의 창고에서 마시는
커피 한 잔

## 쑤저우허판
국제 유스호스텔

---

**苏州河畔国际青年旅舍**
上海市黄浦区南苏州路1307号
58888817

상하이에 있는 쑤저우허판 국제 유스호스텔은 쑤저우허 苏州河 남단에 자리 잡고 있다. 강변 제일 앞줄에 지어진 창고 바로 뒤에 있는데, 주쯔 공원九子公园 주변을 따라 걷다 보면 바로 보인다. 이곳 역시 낡고 오래된 창고 건물이다. 푸른 벽돌과 붉은 벽돌을 쌓은 벽면에는 초록빛 담쟁이덩굴이 빼곡히 자라 있고, 창고와 창고 사이에는 예쁜 아치형 통로가 있다.

창고 건물 사이에는 약간 으슥해 보이는 골목길이 나 있는데, 온통 녹색 식물들로 뒤덮여 있어 마치 초록빛 회랑처럼 보인다. 골목길 곳곳에 어지럽게 널려 있는 테이블과 의자 사이로 흔들거리는 그네 의자가 눈에 띈다. 지나가는 여자들은 신기해서인지 그곳에 꼭 앉았다 가곤 한다.

HOSTELLING
INTERNATIONAL
IKEA PS
2014
生活 不止步
ON THE MOVE

사람들은 이 초록빛 공간에 앉아 커피 마시는 것을 좋아한다. 주변 환경이 쾌적한 데다가 다른 곳보다 가격이 저렴해서 마음 편히 느긋한 오후를 즐길 수 있기 때문이다. 굳이 뭘 시키지 않아도 된다. 그냥 원하는 곳에 앉아서 휴식을 취하기만 해도 아무도 뭐라고 하지 않는다. 잠시 쉬다가 눈을 들어 벽돌담을 바라보면 바람 부는 대로 미세하게 흔들리는 담쟁이 잎들이 보일 것이다. 할 얘기가 있으니 한번 들어보라는 듯 나에게 손짓하고 있는 것 같다.

나에게 손짓하는 것은 아마도 전설과도 같은 두웨성의 이야기일 것이다. 이곳은 그가 소유한 땅에 건설된 창고이기 때문이다. 당시 절대 권력자였던 두웨성은 20세기 초기에 자신의 사업을 위해 쑤저우허 둔치에 곡식 창고를 짓기 시작했다. 그의 사업은 계속 승승장구했지만, 신중국이 설립된 이후 갑자기 중단되었다. 이후에 두웨성의 창고는 국가로 귀속되어 국영 창고가 되었고, 지금은 새롭게 투자를 받아 갤러리나 오피스 빌딩, 유스호스텔, 상점 등으로 형태를 바꾸어 운영되고 있다. 이로써 이 창고 건물은 마지막 종착점을 찾은 듯하다.

신중국이 설립되기 이전에 이곳은 떠들썩하고 복잡한 곳이었지만, 지금은 너무 한적해서 사람들의 기억 속에서 잊힌 곳처럼 보인다. 갤러리는 물론이고 대부분의 상점이 모두 한산하다. 아마 창고 앞을 유유히 흐르고 있는 쑤저우허가 한때 번성했던 이곳의 추억이나 전설 같은 이야기를 모두 휩쓸고 지나갔기 때문일 것이다. 이런 속사정을 까맣게 모르는 관광객들은 이곳에 와서 이렇게 감탄하며 말할 것이다.

"여기가 두웨성의 창고였구나!"

드라마 '마이 선샤인'에서는
보지 못한 풍경

# M50

———
上海市普陀区莫干山路50号

M50은 상하이에 있는 촹이위안创意园에서 가장 오래된 곳이다. 상하이에 처음으로 이러한 독특한 형태의 단지가 형성되어 한때 적막했던 쑤저우허苏州河 주변이 사람들로 들끓었던 때가 있었다. 다만 아쉬운 점은 촹이위안의 열풍이 오래 이어지지 않았다는 것이다. 게다가 붐이 이는 동안 곳곳에 생겨난 단지로 인해 M50의 특별함은 희석되어 우리의 기억 속에서 사라져 버리는 듯했다.

하지만 세월이 흐른 뒤 TV 드라마 '마이 선샤인何以笙箫默'을 통해 그동안 잊혔던 M50이 우리의 기억 속에서 되살아나기 시작했다. 공장 건물이나 카페 내부 모습이 드라마 속 배경으로 나타나 사람들의 궁금증을 자아냈기 때문이다. 사람들은 드라마 속 배경이 세트장일 수도 있다는 사실은 전혀 염두에 두지 않은 채 그곳이 어디인지를 알아내는 데에만 몰두했다.

사실 드라마 속에서는 M50의 모습이 제대로 드러나지 않았다. 드라마에서 중요한 것은 스토리이지 배경이 아니기 때문이다. 드라마는 커피를 들고 공장 건물 안을 왔다 갔다 하는 모습보다 애절한 사랑을 표현하는 데 중점을 두었다. 아무튼 본론은 M50가 예술의 공간이라는 것이다.

모간산루莫干山路 50호는 원래 휘상徽商[1] 저우周 씨 일가의 기업인 신허 방직공장信和纱厂이었고, 나중에는 상하이 제12 모방직공장上海第十二毛纺织厂과 상하이 춘밍 조방공장上海春明粗纺厂으로 바뀌었다. 2005년에 이르러서야 'M50 촹이위안'으로 정식 명칭이 정해졌고 상하이에서 가장 활성화된 예술단지 중 하나가 되었다. 만약 당신이 예술을 사랑하는 사람이라면 한번쯤 올 만한 곳이다.

예술 체험 여행은 모간산루 입구에서부터 시작된다. 그라피티 거리라고 불릴 정도로 길가 담벼락에는 예술적인 그림이 가득하다. 강렬한 색채와 과장된 도안은 사람들의 이목을 충분히 끌 만하다. 그라피티 아티스트들은 전봇대나 쓰레기통 등 그림을 그릴 수 있는 공간만 있으면 모조리 칠해 버렸다.

그라피티가 잔뜩 그려진 거리를 지나 M50 입구 쪽으로 가면 드라마에서 봤던 '샹펑리다오香风丽道, Traveled Coffee&Tea' 카페가 나타날 것이다. 카페 파라솔 아래에 앉아 모히토를 마시는 사람들의 모습에서 여름 분위기가 물씬 풍겼다. 그리고 카페를 찾은 손님 중 일부는 드라마 속 장면을 떠올리며 드라마 따라 하기에 열중하고 있었다.

"저기야 저기! 창가 쪽 자리 말이야."

사실 M50의 진정한 멋을 느껴보려면 더 안쪽으로 들어가야 한다. 평범해 보이는 공장 건물 바깥쪽에는 독특하게 꾸며진 쇼윈도가 곳곳에 있다. 그리고 건물 앞이나 벽면 위에는 포스트모더니즘적인 조형물이나 예술적인 사진, 과장된 디자인의 설치미술품 등 다양한 작품이 전시되어 있다.

이곳에서는 자신이 찍은 필름을 암실에서 직접 현상하며 아날로그 시대를 추억할 수도 있고, 독특한 디자인의 예술작품을 감상하며 사색에 잠길 수도 있다. 아니면 나무 그늘에 앉아 나른하게 휴식을 취해 보는 것도 추천한다.

이곳은 당신에게 마음의 여유를 선사해 줄 것이다. 꼭 무얼 하려고 하지 말고 그냥 즐기기만 하면 된다. 이곳은 M50이기 때문이다. 이곳에 오기만 하면 TV 속에서 보았던 것보다 훨씬 더 많은 볼거리가 당신을 기다리고 있을 것이다.

---

*1* 명청明清 시기 안후이성安徽省 후이저우푸徽州府 지역에 적을 둔 상인 혹은 상인집단이다.

*Shanghai City*
**Waitan · People's Square**

# 와이탄

外滩

와이탄에서 런민 광장으로 이어지는 지역은
상하이의 발원지이자 출발지이다. 개항 이후
외국 회사들이 경쟁하듯 쌓아 올린 거리는
어느새 상하이의 '샹젤리제 거리'로 불리고 있다.

人民广场

# 런민 광장

한적한 곳에서 느끼는
진정한 상하이에서의 삶

이곳은 상하이의 핵심 지역이라고 할 수 있다. 와이탄에서 십리양창十里洋场[1]을 지나 런민 공원人民公园으로 가면 상하이가 현대 도시로 변모하게 된 출항지이자 발원지가 나온다. 과거 영국 사람들은 이곳을 조계지로 선정하여 서구 자본주의를 상하이로 들여왔다. 그 결과 와이탄의 부두는 선박들로 가득 차게 되었고, 연안에는 높고 웅장한 건축들이 건설되어 그림 같은 풍경을 만들었다. 외국인 회사는 서로 경쟁하듯 이곳으로 진출하였고 상하이는 동아시아 금융 중심지로 급부상하게 되었다.

상하이에 진출한 기업들이 활발하게 활동한 덕분에 십리양창은 화려한 네온 사인이 밝게 비추는 불야성을 이루게 되었다. 그뿐만 아니라 경마장 내에 영국인들을 위한 유흥시설을 갖춰 놓자 일확천금을 꿈꾸는 이들도 점차 이곳으로 몰려들게 되었다. 어찌 보면 상하이는 금융 중심지라는 말보다 모험가들의 낙원이라는 표현이 더 잘 어울리는지도 모르겠다.

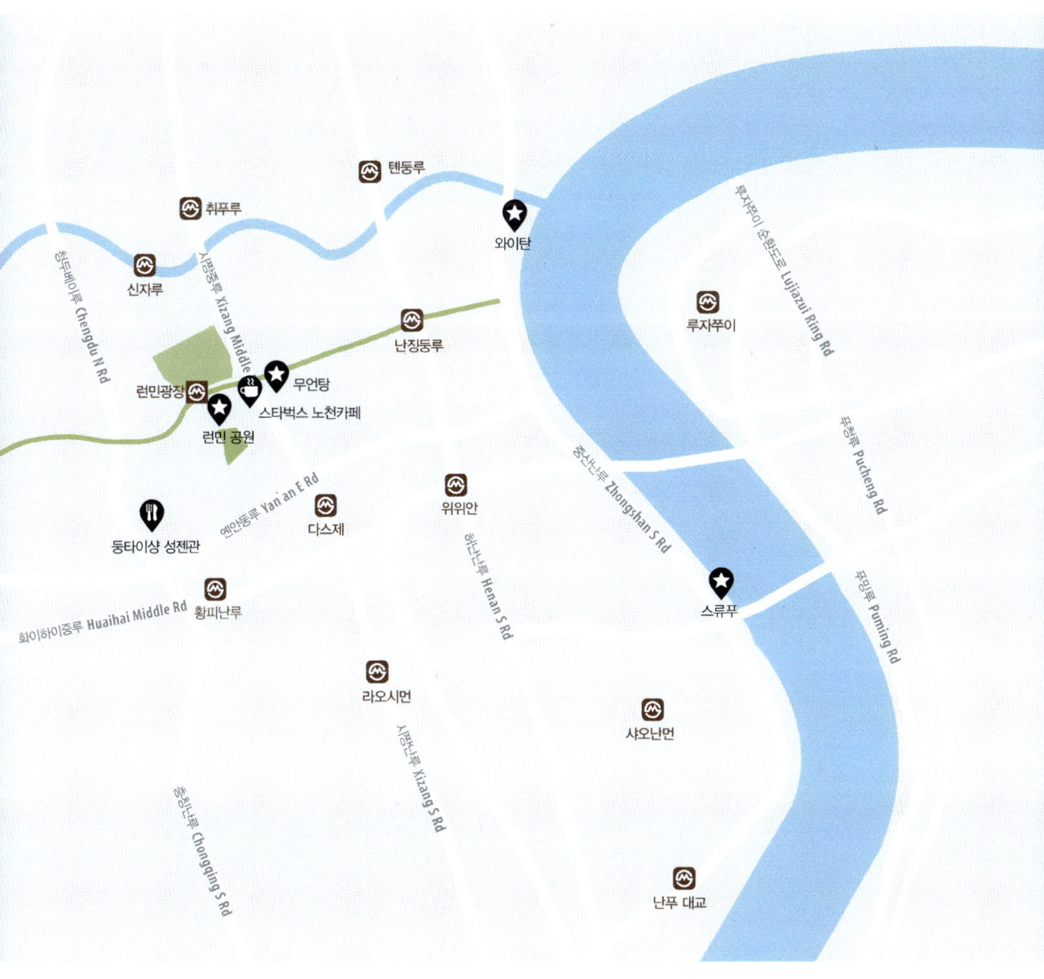


▶ 와이탄 → 난징둥루 → 무언탕 → 스타벅스 노천카페 → 런민 공원 →
둥타이샹 성전관 → 스류푸와 라오마터우 ◉

　상하이에 얽힌 수많은 사연은 관광객들의 발길을 이끈다. 이로 인해 3천여만 명이 사는 도시의 중심가는 더 많은 사람으로 붐비게 되었다. 인산인해를 이루는 사람들 속에서 출구를 찾기 위해 안간힘을 쓰다 보면 온몸이 땀으로 젖기 일쑤이다. 게다가 여기저기서 이상한 고함마저 들려 제대로 길을 찾기도 어렵다. 이런 상황이라면 만국 건축이나 십리양창이 제아무리 아름답더라도 한낱 상업적인 건축물에 불과해 보일 것이다.

　복잡한 것이 싫다면 이른 아침에 일어나 상하이로 가 보자! 그러면 신선한 공기와 따뜻한 햇볕을 마음껏 누릴 수 있을 것이다. 그리고 그때쯤이면 지나다니는 사람이 드물어 건축의 모습을 제대로 감상할 수 있다. 인파에 가려져 잘 보이지 않던 상하이의 모습도 그때가 되면 본연의 자태를 드러낸다. 상하이의 '샹젤리제 거리'로 불리는 와이탄에 산들바람이 불어오면 상하이의 전설적인 이야기들도 함께 사람들의 귓가를 간지럽힐 것이다.

---

*1* 과거에 상하이를 이르던 말이다. 상하이에 외국인이 많이 거주하던 곳을 가리키기도 한다.

해 뜰 무렵
상하이의 풍경

# 와이탄

---

**外滩**
上海市黄浦区中山东1路

와이탄은 명실상부한 상하이의 랜드마크로 상하이탄上海滩, 상하이의 별칭이라는 이름도 여기에서 유래한 듯하다. 170여 년 전, 이곳은 아무렇게나 방치된 갯벌에 불과했다. 당시 이곳에는 인부들이 배를 끌기 위해 만든 예선로曳船路¹가 있을 뿐 다른 건 아무것도 없었다.

하지만 개항 이후 영국인들이 와이탄에 눈독 들이기 시작하면서 이곳은 빠르게 발전했다. 조계지 내에 자본주의의 물결이 밀어닥치자 와이탄에도 번성한 무역항이 만들어졌다. 상하이에 진출한 외국 회사들도 너도나도 빌딩을 지어 올렸다. 이렇게 건설된 만국 건축은 동방의 금융 중심지로 급부상하기 시작했다. 현재 이곳의 고전부흥주 양식의 건축과 소비풍조가 만연한 유흥가는 관광객들의 핫플레이스로 주목받고 있다.

해도 뜨지 않은 이른 새벽부터 와이탄에는 사람들의 그림자가 어른거린다. 아마 그들은 일출을 보기 위해 와이탄의 벤치에서 밤을 지새운 젊은이거나 자전거를 끌고 나온 어르신일 것이다. 어르신 중 8할은 연을 날리기 위해서 와이탄을 찾는다. 그들은 타고 온 자전거를 잘 세워둔 후, 항상 같은 장소에 모여 연을 날린다. 해도 뜨지 않았지만, 와이탄의 하늘은 그들이 날린 연으로 수놓아진다.

가끔 삼각대를 메고 촬영하기 좋은 곳을 찾아다니는 사진 마니아들도 이른 새벽에 와이탄을 찾는다. 그들은 꼼꼼하게 촬영 장소를 선정한 후 삼각대를 세우고 맞은편에서 태양이 떠오르기만을 기다린다. 저 멀리 양푸 대교杨浦大桥 쪽 하늘이 붉게 물들기 시작하면서 태양이 떠오른다. 붉게 물든 아침노을은 맞은편 강기슭에 있는 루자쭈이陆家嘴 빌딩 숲을 후광처럼 비춰 건물이 더욱 웅장해 보인다. 하늘이 서서히 밝아 오면 그 뒤에 있는 만국 건축도 점점 또렷해 보인다.

"와, 드디어 해가 떴다!"

일출을 보기 위해 와이탄에서 밤을 지새운 젊은이들은 일제히 감탄사를 쏟아내고, 촬영을 준비하던 사람들도 쉴 새 없이 셔터를 눌러 댄다. 와이탄에 뜬 아침 햇살은 근처 호텔에서 잠이 덜 깬 채 나오는 사람들의 얼굴에도 따사롭게 비춰진다. 외국인 커플은 살랑살랑 불어오는 산들바람도 차갑게 느껴지는지 서로를 꼭 감싸 안는다.

날이 점점 밝아 오면 와이탄은 데이트나 운동하는 사람들로 채워진다. 한 중년 남성이 씩씩하게 구호를 외치며 쌩하고 지나가자, 뒤이어 근육질의 외국인이 이어폰을 끼고 와이탄을 가로질러 간다. 스케이트보드를 타는 아이들은 만국 건축을 배경으로 삼은 채 이리저리 왔다 갔다 하며 점프를 한다. 그들의 얼굴에는 싱그러운 젊음이 가득하다. 인민영웅기념비 앞에서는 한 무리의 사람들이 태극권 단련에 열중하고 있다. 그들 역시 둥팡밍주東方明珠와 기념비를 배경 삼아 힘찬 동작을 선보인다.

이쯤 되면 날씨가 화창해져서 조용히 산책을 즐기며 아름다운 건축물을 감상하기 좋을 것이다. 절충주의 양식이나 바로크 양식, 고딕 양식, 동양과 서양이 조화를 이룬 양식 등 다양한 건축을 살펴보다 보면 그곳에 얽힌 사연이 더욱 생생하게 느껴질 것이다.

이른 아침에 와이탄에 오면 사람들로 붐비지 않아 조용하게 혼자서 이곳을 즐길 수 있다. 지금까지와는 다른 상하이의 모습을 볼 수 있으니 그저 묵묵하게 바라보며 그 아름다움을 음미하기만 하면 된다.

---

*1* 하천, 운하 등 내륙 수로를 운항하는 선박을 위해 물가를 따라 나 있는 길이다.

유럽 같은 매혹적인
거리 풍경

# 난징둥루

南京东路
上海市黄浦区南京东路

난징둥루는 상하이 상업의 핵심 지역이자 중국 제일의 상가 지역으로 그곳 사람들은 항상 바쁘게 움직인다. 과거에는 유대인 부동산 투자자, 외국인 회사의 매판買辦[1], 현지 방회帮会[2], 동남아 화교 상인, 조계지 공부국工部局[3] 등의 세력이나 자본이 현대적인 상업 개념을 이곳에 도입하였다. 결국 이들의 경쟁과 합작으로 상하이는 상업 도시로 성장하게 되었다.

중국의 4대 백화점인 셴스先施, 융안永安, 다신大新, 신신新新은 일찌감치 난징둥루의 주요 지역을 차지해 빌딩을 올렸다. 그리고 이들은 상하이에 수많은 '최초'를 만들었다. 최초로 백화점 내부에 에스컬레이터와 공중정원을 설치하는가 하면 버라이어티 공연장, 마술 공연장, 카지노, 카페, 고급 음식점, 찻집, 주점, 고급 아파트와 백화점을 하나로 융합시킨 상업 형태를 만들었다. 또한, 최초로 에어컨을 사용하거나 판매 직원들에게 유니폼을 착용시켰고, 글로벌 백화점 개념을 도입했다. 이러한 것들은 지금까지도 사람들 사이에 회자되는 상하이 비즈니스계의 전설이다.

이후에 난징둥루에 있는 상점들은 잇달아 국영 상점으로 바뀌었지만, 이곳을 찾는 사람들의 발길은 여전하다. 지금도 난징둥루는 피서철 해수욕장처럼 늘 붐빈다. 그래도 사람들은 인파를 헤치고 다니느라 땀이 나는 것도 잊은 채 쇼핑을 즐긴다.

복잡한 곳에서 쇼핑만 하는 여행이 재미없게 느껴진다면 그것은 아직 4대 백화점 건물의 아름다운 모습을 보지 못했기 때문이다. 난징둥루를 제대로 즐기고 싶다면 상점이 열기 전에 이곳을 찾아야 한다. 그때 와서 봐야만 이곳의 색다른 모습을 발견할 수 있기 때문이다. 새벽 무렵의 상하이는 모든 것이 본격적으로 시작하기 전이라 전혀 붐비지 않는다. 해가 뜰 때쯤에 이곳에 오면 서서히 드러난 한 줄기 빛이 난징둥루 위를 비스듬하게 비출 것이다. 거리의 행인도 드물어 건물은 그제야 제 모습을 드러내는 듯하다. 햇빛이 비치는 양지바른 곳은 온화한 분위기마저 풍긴다. 그 모습을 보고 있으면 르네상스풍의 낭만적인 정취가 가득 느껴질 것이다.

길거리에 깔린 색색의 보도블록은 이른 아침에 산책을 나온 사람들에게 인사를 하듯 찬란한 햇빛을 반사한다. 고개를 들어 위를 바라보면 4대 백화점 꼭대기에 장식된 독특한 첨탑들이 하늘을 찌를 듯이 솟아 있다. 그리고 좀 더 먼 곳에는 백화점 건물 뒤로 높게 솟아 있는 둥팡밍주东方明珠가 보인다. 시선을 아래쪽으로 내리면 커다란 간판 아래에 고풍스러운 장식과 우아한 발코니가 아름다운 자태를 뽐내고 있다.

하루를 일찍 시작하는 사람들은 이른 아침부터 부산스럽게 움직인다. 서서히 떠오르기 시작한 태양이 건물의 아치형 문동門洞⁴을 비추면 바닥에는 둥그런 그림자가 생긴다. 그리고 그 옆에는 거리를 지나는 사람들의 가늘고 긴 그림자가 더해진다. 아치형 문동 아래에서 바깥쪽을 바라보면 유럽의 어느 아름다운 거리처럼 느껴질 것이다.

아마 이때가 난징둥루의 가장 아름다운 모습을 볼 수 있는 최적의 시간대일 것이다. 9시가 넘으면 우리가 익히 알고 있는 중국 제일의 번화한 거리로 돌아가기 때문이다. 그러니 지금이라도 빨리 이 아름다운 풍경을 눈에 담아두도록 하자.

---

*1* 중국에 상주하는 외국의 상관商館이나 영사관 등에서 중국 상인과의 거래를 위해 고용한 중국인이다.
*2* 과거에 있었던 민간 비밀 조직을 뜻한다.
*3* 청淸나라 이후 상하이 등 외국 조계지에 있던 행정기관이다.
*4* 굴처럼 생긴 통로나 문이다.

FANCL
東亞飯店
EAST ASIA HOTEL
上海时装商店
SHANGHAI FASHION STORE

빙빙 돌아가는
신기한 붉은 십자가

## 무언탕

———

**沐恩堂**
上海市黄浦区南京东路


시짱난루西藏南路에 있는 런민 광장人民广场 앞을 지나다 보면 외벽이 유리창으로 둘러싸인 붉은색 건물이 눈에 띌 것이다. 상하이 토박이들은 그 앞을 지날 때마다 이렇게 한 마디씩 내뱉곤 한다.

"아, 무언탕이구나."

이곳 역시 휴덱Laszlo Hudec이 설계한 건축물이다. 이 교회의 완공시기는 1930년대 초반으로 당시 휴덱은 건축 방면에서 두각을 드러내고 있었다. 자세히 살펴보면 교회 건물 곳곳에서 휴덱만의 독특한 특색을 찾아볼 수 있다. 건물 외벽은 붉은 벽돌로 울퉁불퉁하게 마감 처리했고, 건물 모서리와 창틀은 모두 회색으로 장식해 운치를 더했다. 정문에 있는 높고 뾰족한 아치 형태의 문을 지나면 곧바로 종탑까지 갈 수 있는 구조이다. 본당 내부의 기둥, 난간, 연단을 모두 인조 대리석으로 장식했고, 천장에 있는 뾰족한 아치 형태의 디자인은 외부에서 실내로 이어지는 듯하다.

건축 디자인 중에서 가장 독특한 것은 높이 솟아 있는 종탑이 건물 한쪽 모퉁이에 지어져 건축이 대칭을 이루지 않고 서남쪽으로 편향되어 있다는 점이다. 게다가 서남쪽에는 4층짜리 별관과 부속학교 건물도 있어 더욱 치우쳐진 느낌이 든다. 교회가 지어질 당시, 기독교가 교육을 중시했던 사실을 건축 구조로 보

Raffles City
CapitaLand
TOSHIBA
SCHENKER

여 주고 있는 듯하다. 이렇게 교육을 중시하는 전통은 지금까지 쭉 이어져 현재에는 교회 내에 화둥 신학교华东神学院가 설립되어 있다.

무언탕은 미국의 기독교와도 밀접한 관련이 있는 곳이다. 이곳의 전신은 미국의 한 감리교 교회가 설립한 감리교 예배당이었다. 무언탕이 지금의 모습으로 탄생하게 된 것도 존 무어J. M. Moore라고 하는 미국인 신도가 아낌없이 후원한 덕분이다. 그래서 은혜 보답하기 위해 존 무어의 중국 이름인 '慕尔'을 본 따 이곳을 무얼탕慕尔堂이라고 부르기도 했다.

1900년대에 무언탕은 상하이뿐만 아니라 아시아 전역에 큰 명성을 떨쳤다. 그 이유는 바로 교회 종탑 꼭대기에 달린 회전하는 네온사인 십자가 때문이다. 이 십자가는 1930년대에 한 미국인 신도가 교회를 참관한 후에 기부한 돈으로 만든 것이다. 당시에는 이러한 형태의 조형물 없었기 때문에 교회가 세상에 널리 알려지게 되었다.

나무 그늘 아래에서
발견한 빌딩 숲

## 스타벅스
### 노천카페

上海市黄浦区西藏中路289号
21137786

스타벅스의 인테리어는 대부분 엇비슷하지만, 시짱루西藏路 에 있는 스타벅스는 조금 특별하다. 이곳은 상하이에 오직 하나밖에 없는 노천카페 스타일의 스타벅스이다. 더군다나 노른자위 땅인 런민 광장人民广场 내에 이러한 노천카페가 있다는 것은 더욱 놀라운 일이다.

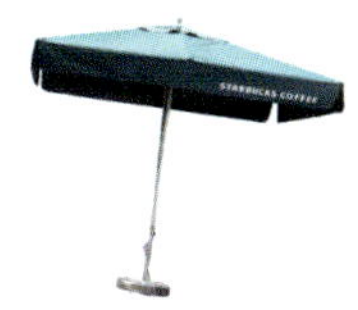

　2층 테라스로 올라가면 런민 공원人民公园 내에 심어진 나무들로 인해 마치 공중정원에 와 있는 듯한 느낌이 든다. 노천카페 한쪽에는 파라솔처럼 가지를 활짝 펼치고 있는 나무가 군데군데 서 있고, 그 아래에는 앉아서 쉴 수 있는 둥그런 벤치가 놓여 있다. 커피를 마시러 온 연인들은 이곳의 나무 그늘이나 잔디밭 위에 앉아 따사로운 햇볕을 마음껏 쬐며 여유를 즐기곤 한다.

　이곳은 하늘이 탁 트이도록 설계되어 매우 만족스럽다. 그뿐만 아니라 런민 광장의 풍경을 360°로 감상할 수도 있다. 저 멀리에 귀지 호텔国际饭店, 다광밍 영화관大光明电影院, 무언탕沐恩堂이 우아한 자태를 뽐내고 서 있는 모습이 보인다. '하늘은 둥글고 땅은 네모나다'라는 천원지방天圆地方 사상을 반영해 건설한 상하이 박물관의 웅장한 모습도 보인다. 그리고 난징루南京路의 스마오 바이롄世贸百联 건물 위에 뾰족하게 솟은 안테나는 마치 경천주擎天柱[1]처럼 꼿꼿한 자세로 중국 제일의 거리를 떠받치고 있다. 인파로 붐비는 **Raffles City** 건물 위에는 지금껏 단 한 번도 중단된 적 없는 대형 광고판이 걸려 있다.

　느긋하게 커피 한 잔을 마시려고 카페에 앉아 있으면 놀이공원에서 아이들이 즐거운 비명을 지르며 까르르하고 웃는 소리가 들린다. 소리가 나는 쪽을 바라보면 초록빛 수풀 속에 세워진 고딕 양식의 시계탑이 보인다. 그 시계탑 뒤로는 현대적인 빌딩이 웅장한 모습으로 높게 세워져 있다. 바로 푸시浦西[2] 제일의 고층빌딩인 밍톈 광장明天广场, Square Mingtian이다. 그 모습을 보고 있으면 마치 현대 건축 디자이너가 과거 건축 장인에게 경의를 표하는 것 같다. 이처럼 이곳에 오면 과거와 현대의 건축을 비교해 보면서 시대별 차이점을 확인할 수 있다. 그와 동시에 상하이 빌딩 숲에 관한 이야기도 들어 볼 수 있을 것이다.

---

1 전설에서 쿤룬산昆仑山의 하늘을 떠받치고 있다는 여덟 개의 기둥이다.
2 황푸장黄浦江 서쪽 지역을 가리킨다.

맞선 시장으로 변모한
과거의 경마장

## **런민** 공원

———

人民公园
上海市黄浦区南京西路231号

상하이 중심에 자리 잡고 있는 런민 공원은 시민들에게 힐링 공간을 제공해 주어 상하이의 '중앙 공원'이자 '녹색 공원'으로 불리고 있다. 원래 이곳은 영국 사람들이 즐겨 찾던 경마장이었다. 지금 런민 공원에서 경마장의 흔적은 조금도 찾아볼 수 없고, 길을 잘못 들어선 관광객이나 공원 내에서 시간을 보내는 어르신들만 있을 뿐이다.

공원 한쪽에 반원형 차양이 쳐진 통로는 마치 시간 터널처럼 보여서 그곳을 지나가면 과거 경마장의 모습이 나타날 것만 같다. 하지만 뜻밖에도 그 길 끝에는 '샹친자오相亲角'[1]가 있다. 길가에는 공개 구혼자들의 신상 정보를 자세하게 적은 팻말이 쭉 놓여 있다. 석사 출신의 여성, 박사 출신의 남성, 회사 임원, 공무원 등 다양한 구혼자의 이력이 눈에 띈다. 몇몇 아주머니와 아저씨는 무리 지어 앉아 심각한 표정으로 이야기를 나누고 있다.

"댁에 자녀는 몇 살인가요? 어디서 일하고 있나요? 키는 얼마나 큰가요? 집은 마련했나요?"

어르신들의 초조한 눈빛 속에서 도시 젊은이들의 절박함이 묻어난다. 하지만 빠르게 변해가는 현대 도시 사회에서 과거의 맞선 풍습이 되살아나는 것 같아 조금은 흥미롭다.

이곳에서 더는 과거 경마장의 모습을 찾아볼 수 없지만 샹친자오 이외에도 둘러볼 만한 곳들이 많다. 매주 일요일 공원의 '잉위자오英语角'[2]에는 영어를 배우고 싶어 하는 다양한 연령층이 모여 스터디에 참여한다. 물론 이 모임에는 외국인도 있다. 그들이 모여서 공부하고 있는 모습을 보면 마치 '영어'라는 언어를 매개로 중국과 서양이 교류하는 것 같다.

공원 한쪽에 자리한 연못은 장난江南[3] 정원의 정취가 느껴지는 몇 안 되는 곳 중 하나이다. 공원을 찾는 어르신들은 연못 주변에 있는 테이블에 앉아 카드놀이를 즐긴다. 가끔은 카드놀이를 하는 사람들보다 옆에 서서 구경하는 사람들이 더 많다. 그들은 이렇게 공원에서 웃고 떠들면서 하루를 보낸다.

하지만 그들은 공원 내에 더 아름다운 곳이 있다는 사실을 모르는 듯하다. 그곳은 바로 수련이 핀 연못 뒤편에 있는 건축물이다. 건물의 그림자가 연못에 비치면 이곳의 경치는 더욱 환상적으로 변한다. 하늘에서 날아온 신선이 연못가에 살포시 내려앉은 듯한 이 건축물은 역사가 오래된 음식점이자 아름다운 경치를 감상할 수 있는 핫스폿이다. 경치가 좋다 보니 햇살이 잘 드는 날에 이곳의 나무 그늘에 앉아 책을 읽으면 온 세상을 다 가진 듯한 기분이다. 문학청년이라면 두말할 것 없이 예술관 같은 이 건축의 매력에 푹 빠져 버릴 것이다. 그뿐만 아니라 이곳에 오면 건물 옥상에서 상하이의 가장 아름다운 스카이라인도 감상할 수 있다.

만약 당신이 어린이 취향이라면 '환러구欢乐谷'로 가 볼 것을 추천한다. 그곳에 있는 놀이기구를 보면 어린 시절의 추억이 새록새록 샘솟을 것이다. 이 놀이공원에서 뛰놀던 아이들이 자라면 '잉위자오'에서 영어를 공부하게 될 것이다. 그리고 좀 더 자라면 '샹친자오'에 공개 구혼장을 내걸거나 연못 근처 음식점에서 술 한 잔을 기울이며 경치를 감상할지도 모른다. 시간이 더 많이 흘러 늘그막이 되면 지금 이곳의 어르신들처럼 연못가에 앉아 카드놀이를 하며 시간을 보내게 되지 않을까? 이것이 바로 인생이다.

---

*1* 공원에 산책을 나온 어르신들이 자연스럽게 얘기를 주고받다가 결혼 적령기의 자녀가 있으면 서로 맞선을 보도록 주선하던 것에서 유래한 것으로 일종의 '맞선 시장'이다.
*2* 영어 회화 실력을 높이기 위해 주말이나 저녁 시간대에 공원, 광장, 교정 등에 모여 공부하는 스터디 모임이다.
*3* 창장강 長江 이남 지역이다.

라오쯔하오에서 느끼는
상하이의 참맛

# 둥타이샹 성젠관

---

**东泰祥生煎馆**
上海市黄浦区重庆北路188号
63595808

둥타이샹은 성젠계의 라오쯔하오 老字号[1]로 상하이 내에서도 인기가 무척 많다. 심지어 홍콩 미식가들도 둥타이샹의 성젠을 맛보기 위해 먼 길을 마다하지 않는다.

충칭베이루 重慶北路에 있는 둥타이샹 분점의 외관은 얼핏 보면 초라해 보일지 몰라도 구시가지 주변에 있는 다른 상점들과 조화를 이루어 소박한 멋이 느껴진다. 하지만 안으로 들어서는 순간 모던한 분위기로 꾸며진 넓은 내부에 깜짝 놀랄 것이다. 가장 신기한 것은 개방형 주방이다. 안이 훤히 들여다보이는 주방에서는 요리사들이 열심히 만두피를 빚거나 만두소를 버무리고 있다. 그 모습을 보고 있으면 성젠 조리법을 즉석에서 배울 수 있을 것도 같다.

둥타이샹은 이름만 성젠 전문점일 뿐, 성젠 이외에도 상하이 전통 간식거리나 간편식도 판매하고 있다. 주변 회사에서 근무하는 왕王 선생은 둥타이샹에서 자주 점심을 해결한다고 했다.

"회사에서 제공하는 도시락이 물릴 때면 이곳에 와서 끼니를 때우곤 해요."

그의 말에 따르면 이곳은 직장인들에게 인기가 많아서 점심이면 사람들로 북적인다고 한다.

사람들이 둥타이샹의 성젠을 좋아하는 이유는 어릴 때 먹었던 성젠의 맛을 그대로 느낄 수 있기 때문이다. 이곳의 성젠은 만두피가 얇고 만두 아랫부분이 두툼한 것이 특징이다. 특히 쫄깃하게 반죽된 만두피 덕분에 만두 바닥이 알맞게 구워져 씹으면 씹을수록 바삭하며 불향마저 난다. 그리고 만두소에 든 고기에서도 진한 육즙이 배어 나와 한층 깊이 있는 맛이 난다.

이곳의 전통 요리 중 하나인 충유반몐葱油拌面은 파기름으로 향을 내고 간장으로 맛을 더했다. 비벼 먹으면 면의 쫄깃한 식감이 되살아나 더욱 맛이 좋다. 과연 이곳의 간판 메뉴 중 하나라고 할 만하다. 이것 말고도 포두부로 싸서 만든 유더우푸 펀쓰탕油豆腐粉絲湯[2]이나 새우를 넣고 만든 샤오훈툰小馄饨도 인기 메뉴이다. 둥타이샹은 오랫동안 상하이 전통 요리만 판매했기 때문에 라오쯔하오에서만 느껴지는 섬세한 감성이 우리를 추억에 젖게 한다.

---

*1* 대대로 내려오는 전통 있는 가게나 오랜 역사를 지닌 중국 브랜드이다.
*2* 유부와 당면을 넣고 만든 탕이다.

운항을 멈춘
옛 부두의 풍경

# 스류푸와 라오마터우

十六铺
老码头
上海市黄浦区中山南路505号
푸싱둥루复兴东路 부근

과거 와이탄外滩은 와이바이두차오外白渡桥에서 진링둥루金陵东路까지를 의미했다. 남쪽으로 조금 더 내려가면 스류푸가 나오는데, 부동산 투자가들이 이곳과 와이탄을 연결하기 위해 고상한 분위기가 느껴지는 이곳을 난와이탄南外滩이라고 부르기 시작했다. 하지만 상하이 사람들은 와이탄은 와이탄이고 스류푸는 스류푸일 뿐이라고 여겨 두 지역을 독립적인 상하이의 랜드마크로 단정 지었다.

사실 이곳은 과거에 부두였기 때문에 '스류푸 부두'라고 부르는 것이 맞다. 역사도 와이탄보다 훨씬 더 오래된 청대清代 함풍 연간1851~1861까지 거슬러 올라간다. 이 시기는 수상 운송이 발달했기 때문에 상하이 관문 역할을 하던 이곳이 아시아 동부 최대의 부두로 급부상했다.

시간과 공간을 초월해서 그 당시로 돌아간다면, 번화한 스류푸 부두의 모습과 강 위에 빼곡히 들어찬 배들을 구경할 수 있을 것이다. 좀 더 먼 곳을 바라보면 수많은 배가 부두로 입항하기 위해 바람을 타고 들어오는 장면이나 크고 작은 짐들이 배와 부두를 잇는 발판 위를 오르락내리락하는 장면도 볼 수 있을 것이다. 과거에는 권력을 쥔 사람들이 이 부두를 차지하기 위해 경쟁을 벌이기도 했다. 이 부두만 차지하면 이곳에서 발생하는 모든 이권을 자신이 가질 수 있기 때

문이다. 현재 이곳에는 수상유람센터만 있을 뿐, 예전 건물들은 찾아볼 수 없다. 유람선마저 없다면 과거에 이곳이 부두였다는 사실을 전혀 눈치챌 수 없을 것이다.

만약 부두의 원래 모습이 궁금하다면 남쪽으로 내려가 보자. 그곳에 있는 라오마터우 청이위안老码头创意园에서 부두의 옛 모습을 찾아볼 수 있기 때문이다. 이곳은 강변에 있는 선착장과 창고 건물을 토대로 조성되었다. 그래서 스류푸와는 달리 일부 고건축물이 남아 있다. 그중에서도 가장 오래된 것은 '수이서水舍, The Waterhouse at South Bund'라고 하는 고급 호텔 건물이다. 이곳의 건물 외관은 낡은 창고처럼 보인다. 얼룩덜룩한 벽면과 녹슨 철조 구조물로 인해 당장이라도 허물어질 것 같다. 하지만 안으로 들어서면 완전히 다른 광경에 깜짝 놀랄 것이다. 심혈을 기울여 제작한 건축 디자인과 정성껏 꾸민 실내 인테리어는 외관만 보고 과거를 상상하던 당신을 다시 현실 세계로 되돌려 놓을 것이다.

이 호텔 건물 이외에 라오마터우 중심부에도 오래된 스쿠먼石库门이 있다. 이 건축물은 마치 살아있는 화석처럼 홀로 우뚝 서 있다. 이곳을 제외한 주변 지역에는 모두 로프트 스타일의 붉은 벽돌 건물이나 고급 레스토랑, 주점 등이 들어서 있다.

이곳에 있는 분수대와 파라솔, 예쁜 꽃, 고풍스러운 건축물들은 상하이 사람들에게 훌륭한 휴식 공간을 제공해 준다. 사람들은 여름밤이면 이곳에 모여 월드컵 경기를 관람하곤 한다. 근처 강변에 인조 모래사장이 조성된 이후로는 더 많은 사람이 이곳을 찾게 되었다. 사람들은 특히 건물에 있는 철제 난간 발코니에 앉는 것을 좋아한다. 스쿠먼과 분수대가 한데 어우러진 모습이 한눈에 들어오기 때문이다.

따사로운 햇살 아래에서 아름다운 풍경을 감상하며 친구들과 함께 스트레스를 해소해 주는 두캉주杜康酒[1]를 마시면 천국이 따로 없을 것이다. 하지만 한때 번성했던 부두에서 배들이 사라지자 그와 함께 부두에 관한 이야기도 잊혀 가는 듯해 아쉬울 따름이다.

---

*1* 단시일 내에 숙성되는 속성 주류로 과거 중국의 두캉杜康이라는 사람이 빚는 방식으로 제조한 술이라고 해서 '두캉주'라고 부른다.

영복로

永福路

100여 년의 시간이 흘렀지만, 외국의 고위층이
모여 살았던 이곳에는 고풍스럽고
유유자적한 분위기가 그대로 남아 있다.

交通大学

# 자오퉁대학

# 고택 밖의 트렌디한
# 라이프스타일

만약 시간을 100년 전으로 되돌려 놓는다면 막 번성하기 시작하는 상하이가 보일 것이다. 당시에는 난징루南京路와 와이탄外灘이 있는 공동 조계지가 상하이 금융과 상업의 중심지였다. 그래서 이 지역에서 들리는 왁자지껄한 소음이 상하이 전체를 뒤덮었다고 해도 과언이 아니다. 공동 조계지가 아시아 전역에서 조명을 받고 있을 때, 다른 한쪽에서는 고즈넉한 분위기의 프랑스 조계지가 서서히 모습을 드러내기 시작했다.

한낮이면 양복을 쫙 빼입은 외국 회사 직원이나 돈 많은 사업가, 정계 인사들이 공동 조계지로 속속 모였다. 하지만 밤이 되면 그들은 자신의 거처가 있는 프랑스 조계지로 되돌아갔다. 그들에게 공동 조계지가 비즈니스를 위한 곳이라면, 프랑스 조계지는 생활을 영위하는 곳이었다.

정치인이나 사업가뿐만 아니라 당대 문화인들도 이곳을 즐겨 찾곤 했다. 하지만 누구다 다 올 수 있는 곳은 아니었다. 물가가 비쌌기 때문에 어느 정도 경제

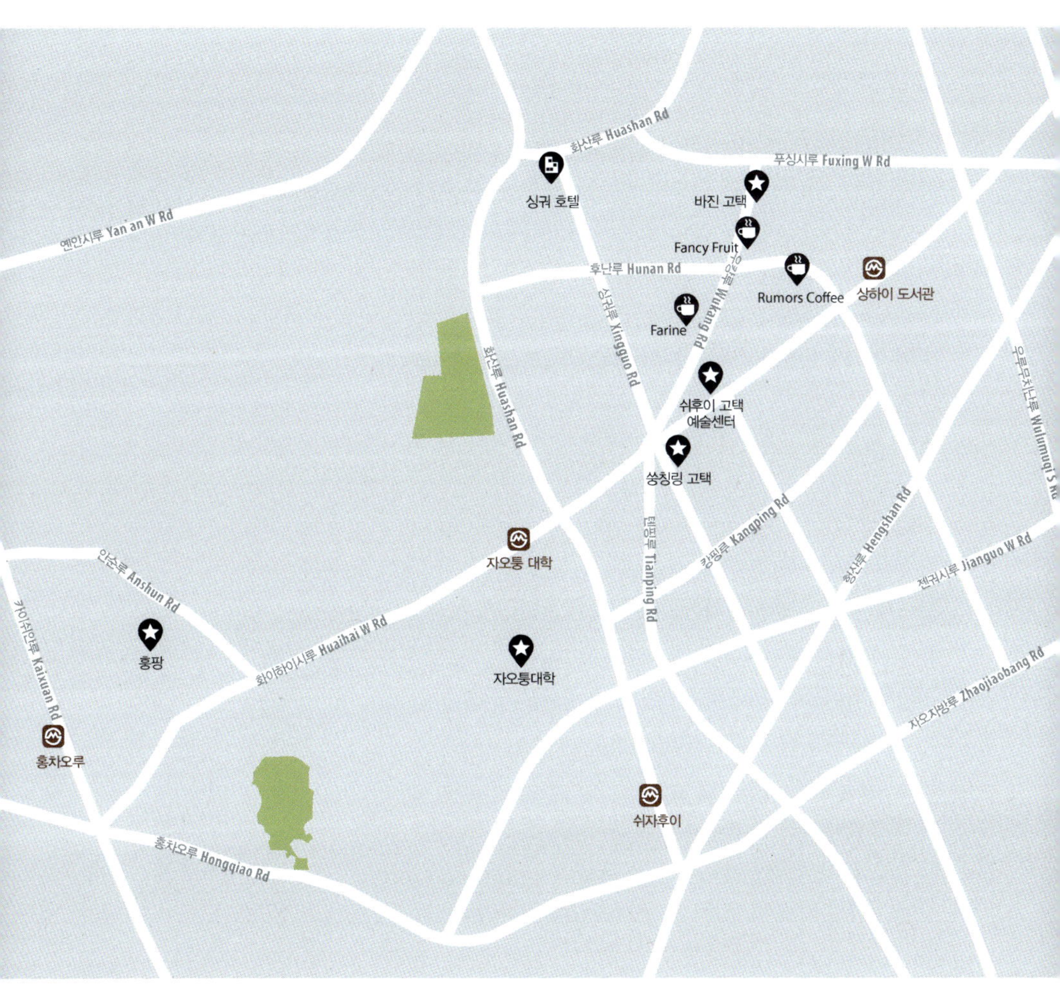


▶ 싱궈 호텔 → 바진 고택 → Fancy Fruit → Rumors Coffee → Farine →
쉬후이 고택 예술센터 → 쑹칭링 고택 → 자오퉁대학 → 홍팡 ◉

력을 갖춘 사람만이 이곳에서 생활할 수 있었다. 이런 고급스러운 분위기는 다음 세기까지 쭉 이어져 품격 있는 주택가의 모습을 그대로 유지하고 있다. 이로 인해 이곳은 외국인이나 문학청년의 사랑을 듬뿍 받았다. 지금도 이곳은 과거의 고풍스러운 분위기나 높은 물가를 유지하고 있지만, 이곳에 살던 바진巴金[1]이나 허뤼팅贺绿汀[2], 쑹칭링宋庆龄[3], 황싱黄兴[4]의 모습은 더 이상 볼 수 없다.

한동안 행해진 지역사회 발전계획에도 불구하고 이곳의 아름다운 건축은 전혀 손상을 입지 않았다. 그 덕분에 상하이의 옛 모습을 그대로 간직할 수 있게 되었다. 그래서 이곳에 오면 1900년대의 생활을 제대로 체험해 볼 수 있다.

이곳은 도로도 넓지 않아 차량 두 대가 간신히 지나갈 수 있을 정도이다. 그리고 여름이면 도로 전체가 오동나무 그늘로 뒤덮여 버린다. 자세히 살펴보면 오동나무 주변에서 작고 아담한 건물이나 독특한 디자인의 대형 건물도 발견할 수 있다. 하지만 이곳의 건축이 제아무리 예술적이라고 해도 공동 조계지에 있는 웅장한 건물과 비교하면 보잘것없이 느껴질 것이다.

이곳에서는 대형 쇼핑몰을 찾아볼 수 없다. 분주하게 움직이는 사람이나 도로 위를 쌩쌩 달리는 차, 허름한 작은 점포도 거의 없다. 느긋하게 거리를 돌아다니며 최고만을 추구하는 사람들의 우아한 자태만이 남아 있을 뿐이다. 그리고 간혹 눈에 띄는 유명인사들의 크고 작은 고택 안에는 붉게 핀 꽃들이 담장 밖으로 살짝 고개를 내밀고 있다. 하지만 세월이 흐름에 따라 고택 안의 사람들은 모두 떠나가 버리고 거리에는 유유자적함만이 남아 있다.

---

*1* 중국 현대 문학의 거장으로 알려진 작가이다.
*2* 중국의 작곡가이자 음악 교육가이다.
*3* 중국의 여성 정치가이자 쑨원孫文의 아내이다.
*4* 중국의 혁명가로 쑨원과 중국혁명동맹회中国革命同盟会를 창설하고 신해혁명辛亥革命을 지도했다.

5성급 호텔에 있는
아름다운 정원주택

# 싱궈 호텔

---

兴国宾馆
上海市长宁区兴国路72号

싱궈 호텔의 근처로 살짝 다가가기만 해도 호텔 정원의 특징을 단번에 파악할 수 있다. 호텔의 철제 울타리 안에 심어진 나뭇가지는 밖으로 불쑥 삐져나와 있고, 건물 외벽 창틀에 설치된 화분은 밖에서도 다 보이기 때문이다. 이런 조경 덕분에 호텔에는 일 년 내내 향기가 감돈다.

잔디밭과 정원, 고목들로 둘러싸인 싱궈 호텔 내에는 1920~30년대에 지어진 건물 십여 개가 자리 잡고 있다. 폭신폭신한 잔디밭을 밟으며 구불구불한 돌길을 따라 걷다 보니 독특하게 생긴 별장 건물이 눈에 들어온다. 검정 테두리가 쳐진 삼각형 지붕, 줄줄이 이어진 아치 장식, 튼튼한 기둥, 다양한 부조 조형물, 예쁜 그림이 그려진 창문 등 볼거리가 너무 많아 한꺼번에 다 살펴보기 힘들 정도이다. 그리고 스페인 양식, 영국 양식, 프랑스 양식, 컨트리 스타일, 클래식 스타일 등 다양한 양식이 집결되어 있어 건축 지식이 많지 않은 자신을 탓하게 될지도 모른다.

이 호텔은 1920~30년대에 타이구 양행太古洋行 같은 외국계 자본의 투자로 지어진 건물이다. 하지만 아름다움의 극치를 달리는 건물은 당시 주도권을 잡기 위한 권력자들의 쟁탈 대상이 되고 말았다. 서로 뺏고 뺏기는 와중에 수많은 사건이 발생했고, 그 사연은 온 세상에 전설처럼 퍼져 나갔다.

가장 낭만적인 부분은 1호 건물이다. 이 건물은 싱궈 호텔에서 가장 은밀한 곳에 자리 잡은 별장 앞에 있다. 건물 앞에는 축구장만 한 잔디밭이 있어 시야가 탁 트인다. 경사진 푸른 지붕은 고전주의 양식으로 지은 새하얀 건물 외관과 잘 어우러져 마치 동화 속 한 장면을 보는 듯하다. 지붕 위에 설치된 두 개의 하얀 굴뚝과 다섯 개의 지붕창이 유독 눈에 띈다. 이 건물은 독특하게 2층에는 이오니아식Ionia式 기둥이, 1층에는 도리아식Doris式 기둥이 세워졌다.

원래 이곳은 외국계 아이스크림 회사가 사무실로 사용하던 건물이었다. 이후

일제 강점기에 일본인이 유흥장으로 이용했고, 항일전쟁 이후에는 장제스蔣介石가 회담이나 행사를 치르는 장소로 사용했다. 신중국 설립 이후에는 마오쩌둥毛澤東 주석이 이곳을 즐겨 찾았다. 이러한 사연은 호텔에 얽힌 수많은 일화 중 극히 일부일 뿐이다.

오늘날에도 이 건물에서는 신비로운 분위기가 물씬 풍긴다. 하지만 관리하는 사람이 따로 없는지 발코니 위쪽의 천장 일부는 뜯겨 나갔고, 그 아래에는 빨래 건조대에 속옷이 널려 있다. 출입문은 접근을 막듯 굳게 닫혀 있다.

하지만 멀찍이 떨어져 보면 이곳의 경치는 여전히 아름답다. 잔디밭 한쪽에 심겨 있는 거대한 녹나무 두 그루는 주변 땅을 뒤덮어 장관을 이루고 있다. 그 덕분에 아래쪽 돌 벤치 위에는 시원한 그늘이 만들어진다. 만약 시간이 된다면 이곳에 가서 낮게 드리워진 나뭇가지 옆에 앉아 잠시 휴식을 취해 보는 것도 괜찮다. 이곳에서 보면 잔디밭 맞은편에 눈부신 햇살을 받으며 서 있는 아름다운 1호 건물이 보이기 때문이다.

잠시 발아래를 내려다보면 바람결에 떨어진 녹나무 잎들이 보인다. 그 위에는 얼룩덜룩한 나무 그림자가 드리워져 있고, 드문드문 피어난 야생화 위에도 아늑한 그늘이 뒤덮여 있다. 작고 보잘것없는 야생화조차 아름다운 정원주택을 보기 위해 힘겹게 땅을 뚫고 나온 듯하다.

그해 봄날에
핀 꽃

# **바진** 고택

———

巴金故居
上海市徐汇区武康路113号

우캉루武康路와 후난루湖南路가 교차하는 곳으로 가면 시선은 자연스럽게 길모퉁이에 우뚝 솟아 있는 고층빌딩으로 향하게 된다. 하지만 그 옆에 있는 수풀이 우거진 작은 주택도 한번쯤 눈여겨 볼만하다. 그냥 허투루 지나치기 쉬운 이 주택은 중국 현대 문학가인 바진巴金의 고택으로 그가 가장 오랫동안 머물며 살았던 곳이다.

대문 앞에는 할아버지 한 분이 아무 말 없이 무료로 입장권을 나눠 주고 있다. 아마도 이곳을 들러 보라는 뜻인 듯하다. 바진의 고택은 이 일대에서 유일하게 출입이 허락된 정원주택이다. 대문을 지나 안으로 들어가면 정원주택의 북쪽 면이 나온다. 작은 자갈로 마감 처리된 갈색 외벽은 건물 전체를 간결하고 소박해 보이게 한다. 둥그런 아치 형태의 출입구는 처음 영국인에 의해 만들어진 모습 그대로 보존되어 있다. 잔디밭을 향하고 있는 건물의 남쪽 외벽에는 창문이 네 군데나 설치되어 있어 방안으로 햇볕이 가득 들어온다. 그뿐만 아니라 창문을 통해 초록빛 정원을 한눈에 바라볼 수 있다. 짐작건대 바진의《수상록随想录》에 나오는 햇볕 잘 드는 방이 바로 이곳인듯하다.

바진의 고택은 현관과 거실, 서재, 창고까지 거의 원상태를 그대로 유지하고 있다. 이곳에는 바진의 유품들이 전시되어 있는데, 이것만 봐도 그가 이곳에서 어떻게 생활하며 작품 활동에 몰입했는지 대충 짐작할 수 있다. 고택 내에는 그야말로 그에 관한 이야기들로 가득하다.

바진은 《퇀위안团圆》과 같은 한국전쟁에 관한 소설이나 《토로하지 못한 감정倾吐不尽的感情》,《찬가집赞歌集》 등의 에세이집을 모두 이곳에서 집필하였다. 그리고 알렉산드르 게르첸Aleksandr Ger'tsen의 회상록인 《과거와 사색》 같은 명작도 이곳에서 번역하였다.

당시 이 고택에는 유명한 문학가들이 자주 찾아와 바진과 담소를 나누곤 했다. 사르트르Jean Paul Sartre, 보부아르Simone de Beauvoir, 천충원沈从文, 차오위曹禺, 커링柯灵, 탕타오唐弢[2] 등이 이곳을 찾았다. 하지만 한때 이곳은 바진과 함께 힘든 시기를 맞기도 했다. 1970년대에 아내 샤오산萧珊이 세상을 떠나자 슬픔에 잠긴 바진은 마음의 문을 닫고 더는 글을 쓰지 않았다. 결국 그는 우캉루에 있는 이 집에 자신을 유폐시켰다. 이후 바진은 $3m^2$도 채 되지 않는 유모 방에 틀어박혀

투르게네프Ivan Sergeevich Turgenev의 소설 《처녀지处女地》를 다시 번역하며 세월을 보냈다.

바진은 세상을 떠나고 없지만, 해마다 그가 바라보았던 꽃과 나무들은 여전히 정원에 남아 있다. 목련, 진달래, 매화, 벚꽃, 포도나무가 철마다 아름다운 꽃을 피워 고택을 화사하게 꾸민다.

"제일 볼만한 건 벚꽃이 필 무렵이지!"

고택을 관리하는 할아버지는 꽃이 피는 시기에 관해 잘 알고 있다는 듯 자신만만하게 설명했다.

"꽃들이 활짝 피는 5월이면 조금 늦게까지 문을 열어 둔다네."

그는 벚꽃이 만개할 때면 늘 엄숙하고 조용하기만 한 고택에 생기가 돌아 이곳을 찾는 사람들이 더욱 좋아한다고 했다.

---

1  후에 영화 '영웅아녀英雄儿女'로 리메이크되었다.
2  사르트르는와 보부아르는 프랑스의 철학가이다. 천총원은 중국의 문인이며, 차오위와 커링은 중국의 극작가이다. 탕다오는 루쉰을 연구한 중국의 작가이다.

길모퉁이에서
즐기는 달콤함

# Fancy Fruit

———

上海市徐汇区武康路115号
15000662246

상하이에는 '작은 조개껍데기 안에도 삼라만상을 다 담을 수 있다'라는 속담이 있다. 어떻게 보면 이것은 상하이 사람들의 가장 큰 능력이다. Fancy Fruit는 십여 제곱미터에 불과한 작은 매장에 이런 능력을 최대한 발휘하여 인근에서 가장 '달콤한' 가게라는 명성을 얻었다.

가게 주인 샤오 쉬小许는 장쑤성江苏省에서 온 사람이다. 다른 소규모 창업자들과 마찬가지로 그 역시 예전에는 광고업계에서 불안정한 직장생활을 했었다. 이전에 그는 잠시 북카페를 운영하기도 했는데, 과감하게 업종을 변경하게 된 이유는 나름 특별하다. 그는 지금껏 자신의 입맛에 꼭 맞는 생과일주스를 마신 적이 없었는데 어느 날 스스로 나서서 맛있는 음료를 만들어 보기로 했다.

"저는 항상 신선한 과일로 만든 주스를 마시고 싶었지만, 그런 음료를 파는 가게는 거의 없었어요. 그래서 저는 가게를 열면서 신선한 과일로만 만든 천연 생과일주스를 팔겠다는 원칙을 세웠죠. 손님들은 이곳에 와서 먹고 싶은 과일을 고르기만 하면 된답니다."

그는 가게에 있는 과일 중 일부만 국내산이고, 나머지 대부분 외국에서 수입한 것이라고 했다. 키위는 뉴질랜드, 아보카도는 멕시코, 오렌지는 미국, 자몽은

남아프리카, 파인애플은 필리핀, 망고는 태국 등 마치 과일의 왕국처럼 전 세계의 과일이 다 모여 있는 듯하다. 과일의 종류가 이렇게 많다 보니 가끔 손님들은 무엇을 고를지 몰라 메뉴판 앞에서 한참을 망설이기도 한다.

최근에는 쉽게 맛보기 힘든 아보카도 주스가 가장 잘 팔린다고 한다. 한 모금 살짝 마셔보면 입안에서 배와 레몬의 맛이 느껴진다. 이렇게 배즙과 레몬즙을 조금 넣으면 아보카도의 텁텁함이 사라지고 맛과 향도 좋아진다고 한다. 마치 과일주스 한 잔 속에 맛과 영양을 고루 갖춰놓은 듯하다.

이곳은 생과일주스 이외에 영국산 차와 과즙음료, 남아프리카산 디카페인 루이보스, 독일산 촉 스타Choc Stars 초콜릿 등도 판매한다. 주스를 담아주는 병이나 컵 위에 다양한 컬러의 스티커를 붙여 가게 안이 알록달록해 보인다. 따뜻하면서도 화려한 색채로 장식된 이 매장은 마치 동화 속 세상을 연상케 한다. 북풍한설이 몰아치는 겨울철이라도 이 안으로 들어오면 마냥 따뜻할 것 같다.

**Fancy Fruit**의 입구 쪽 벽면 절반은 투명한 유리창으로 되어 있다. 창문 안쪽과 바깥쪽에 모두 손님이 앉을 수 있는 좌석이 마련되어 있다. 연인들은 이곳에 다정하게 앉아 오동나무가 우거진 거리 풍경을 바라보며 데이트를 즐긴다. 그럴 때면 길거리를 지나다니는 사람들도 가게 안에서 달콤하게 애정 표현을 하는 커플을 곁눈질로 슬쩍 훔쳐보곤 한다. 홍콩에서 온 앤디Andy와 루시Lucy도 이런 커플 중 하나였다.

"낭만적이고 달콤한 분위기 탓에 저도 모르게 그랬나 봐요."

앤디는 부끄러운 듯 살짝 얼굴을 붉히며 말했다.

"우리는 이런 분위기를 무척 좋아해요. 주변 환경과 너무 잘 어울리는 것 같아요!"

커피 마니아의
천국

# **Rumors** Coffee

鲁马滋精品咖啡
上海市徐汇区湖南路9号甲
34605708
11:00-19:30

Rumors Coffee는 중국의 유명한 영화배우 자오단趙丹의 고택 맞은편에 있다. 이 곳은 즉석에서 간 원두를 직접 내려 커피를 만든다. 하지만 매장이 너무 작아서 손님이 한두 명만 와도 가게 안이 꽉 들어차 버린다.

보통 핸드드립 커피 한 잔을 만드는 데 5분 정도 걸린다. 그래서 여러 명이 한 꺼번에 오면 한참을 기다려야 커피를 맛볼 수 있다. 기다리기 지루하면 가게 앞 인도 위에 마련된 좌석에 앉아 보자. 야외라서 시야가 탁 트일 뿐만 아니라, 바로 앞에 자오단의 고택이 보여서 눈요기하기에도 좋다. 그러다 가끔 고개를 들어

하늘을 바라보면 바람결에 떨어지는 낙엽과 나뭇가지 위에 돋아난 새싹을 감상할 수 있다.

이곳의 인테리어는 화려하거나 요란스럽지 않다. 단지 조용한 길모퉁이에 자리 잡아 향긋한 커피 향기를 내뿜으며 손님을 끌어들일 뿐이다. 그 덕분에 이 거리를 찾는 사람들은 품격 있는 명품 커피를 맛볼 수 있게 되었다. Rumors Coffee처럼 이곳과 잘 어울리는 카페는 아마 없을 것이다.

이곳의 주인은 일본인이다. 그는 세계 각국의 질 좋은 원두를 구매해서 직접 로스팅한 후에 일일이 손으로 내려 손님들에게 제공하고 있다. 이곳에서는 온도와 시간까지 정확하게 체크하며 커피를 내린다. 이렇게 내린 커피에 바리스타의 섬세한 감각이 더해져 향이 짙고 그윽한 명품 커피가 탄생한다. 결국 Rumors Coffee의 커피가 맛있다는 입소문이 나기 시작하면서 이곳은 상하이 커피 마니아들의 아지트가 되었다.

"어? 안녕하세요! 오랜만에 오셨네요?"

"출장 갔었어요. 여기 선물도 사 온 걸요. 요즘 새로 나온 커피가 있나요? 한번 맛봐도 될까요?"

이곳을 자주 찾는 단골손님은 바리스타와 친구처럼 지내는 듯했다. 이렇게 훈훈한 광경은 Rumors에서는 늘 있는 일이다. 바깥세상이 어떻게 변하든 이곳은 영원히 커피 마니아들의 아지트로 남을 것이다.

테라스 카페에 앉아 즐기는
프랑스의 정취

# Farine

———
上海市徐汇区武康路378号

매일 오후, 우캉루武康路 오동나무 아래에 자리 잡은 Farine 앞을 지날 때면 손님들로 북적거리는 모습을 볼 수 있다. 이곳의 빵이 맛있다는 소문을 듣고 전국 각지에서 사람들이 몰려온 것이 분명했다.

"자리가 없다고요?"

"케이크가 다 팔렸대!"

이런 이야기는 이곳을 찾는 사람들이 가장 많이 하는 말일 것이다. 심지어 가게를 평가한 글 중에도 맛이 좋다는 평가 다음으로 많은 것이 '사람이 많아도 너무 많다', '자리 잡기가 힘들다', '먹고 싶은 빵이 다 팔리고 없는 경우가 허다하다' 등이다. 절대 과장된 표현이 아니다. 주말마다 식사시간이 되면 이곳은 사람들로 빼곡하다. 인기 제품은 순식간에 매진되어 버린다.

이렇게 작은 베이커리가 최고의 맛집이 될 수 있었던 이유는 고급스러운 프랑스의 맛을 그대로 재현했기 때문이다. 이곳의 창업주는 프랭크Frank 라고 하는 프랑스인이다. 프랑스 미식에 일가견이 있는 그는 상하이에 거주하면서 자연스럽게 진정한 프랑스의 맛을 이곳으로 들여오게 되었다.

프랭크는 8년 동안 프랑스 미식에 대해 집중적으로 연구하면서 프랑스 요리 전문점 Frank Bistro와 베이커리 Farine를 열었다. 프랑스어로 '밀가루'라는 뜻인 Farine는 프랑스의 품질 좋은 밀가루를 모티브로 하여 개업했다. 이곳에서 사용하는 밀가루는 유기농으로 재배한 밀을 일일이 수작업으로 빻아서 만든 것이다. 이 작고 아담한 베이커리는 가장 전통적인 방식으로 만든 프랑스식 빵을 상하이 우캉루에 전파하고 있다.

　고소한 빵 냄새를 따라 사람들 사이를 비집고 안으로 들어서면 심플한 디자인의 목조 카운터와 좌석이 가득 들어찬 모습이 보일 것이다. 요란한 장식 없이 오픈된 조리 공간과 조명 아래에 진열된 바게트만으로도 충분히 사람들의 눈길을 사로잡을 만하다. 여기에 손에 밀가루를 잔뜩 묻힌 파티시에가 직접 빵 만드는 모습까지 보여 준다면 즐거움은 배가 된다. 특히나 이곳은 내부에 비치된 여섯 개의 오븐으로 매일 즉석에서 빵을 구워 팔기 때문에 가게 안은 온종일 빵 냄새로 가득하다.

　빵 말고도 프랑스 노르망디 버터로 만든 크루아상이나 신선한 제철 과일로 만든 프랑스식 디저트도 사람들의 사랑을 듬뿍 받고 있다. 짙은 소맥 향, 고소한 버터 향, 신선한 과일 맛이 잘 어우러져 중국 사람들의 입맛을 확실하게 저격했다.

주말이 되면 이곳의 자그마한 테라스는 내외국인들로 늘 붐빈다. 가족 단위의 손님들은 아이들의 손을 잡고 함께 찾아와 맛있는 디저트를 즐기고, 젊은 친구들은 삼삼오오 무리 지어 앉아 커피를 마시며 수다를 떤다. 연인들은 옆자리에 찰싹 들러붙어 앉아 귓속말을 주고받으며 즐거운 한때를 보낸다.

이곳을 찾는 사람들은 인종도 다르고 국적도 다르지만, 오동나무 아래에 놓인 테이블에 앉아 프랑스 음식을 맛보며 느긋하게 햇볕을 쬐는 모습은 한결같다. 이런 모습을 보고 있으면 제법 글로벌한 분위기 마저 느껴진다.

특별한 인테리어도 없고, 과장된 광고도 하지 않는 이곳은 심지어 무선 인터넷도 되지 않는다. 하지만 Farine는 자연 그대로의 재료를 사용해서 가장 프랑스다운 맛을 냈고, 그 덕분에 수많은 미식가의 사랑을 받게 되었다. 식재료의 품질을 중요시하는 사람이라면 이곳에 와서 가족이나 친구들과 함께 오동나무 그늘에 앉아 맛있는 음식을 먹으며 즐거운 한때는 보내는 것도 좋을 것이다.

옛집이 들려주는
이야기

## 쉬후이 고택
예술센터

———

徐汇老房子艺术中心
上海市徐汇区武康路393号
64335000

홀에 전시된 우캉루의
주택 모형

우캉루武康路와 타이안루泰安路 입구의 $100m$ 정도 되는 짧은 골목 안에는 다양한
볼거리가 숨어 있다. 쉬후이 고택 예술센터, 황싱 고택, 구 이탈리아 영사관저 등
이 이곳에 모여 있기 때문이다. 이곳에 오면 많은 시간을 들이지 않고도 상하이
고건축에 관한 지식을 습득할 수 있다. 그뿐만 아니라 실제 건축을 구경하면서
고택 내에 숨겨진 사연을 알아보는 것도 꽤 재미있다.

쉬후이 고택 예술센터는 우캉루 여행안내센터이기도 하다. 우캉루의 건축은
상하이의 건축 역사를 대표하기 때문에 아예 이곳에 전시장을 마련해 관광객에
게 고택에 관한 정보를 함께 전달하려고 한 것이다.

중앙 현관으로 들어서면 고택에서 사용하던 구식 세면대와 오븐, 철제 인력
거가 전시되어 있다. 천장에 달린 고풍스러운 샹들리에는 바닥에 깔린 아름다운
문양의 바닥재와 잘 어우러져 사람들의 시선을 사로잡는다.

내가 이곳을 방문했을 때 중년 여성 한 무리가 전시관 내부를 구경하고 있었
다. 이들은 전시된 우캉루 주택 모형을 보고는 깜짝 놀랐다. 상하이 사람임에도
불구하고 이렇게 정교하고 아름다운 고택은 생전 처음 봤다는 듯이 마구 탄성을
질렀다.

"어머, 어머! 집들이 어쩜 이렇게 예쁠 수 있지?"

한쪽 벽면에는 고택에서 뜯어낸 문손잡이, 경첩, 기와, 붉은 벽돌, 푸른 벽돌 등의 건축 자재를 전시해 놓았다. 한쪽 구석에는 상세한 설명글도 쓰여 있어 한눈에 고택의 건축 재료와 구조를 파악할 수 있다. 그리고 이곳을 제외한 나머지 벽면에는 고택의 사진을 쭉 걸어두었다. 전시관을 다 둘러보고 나면 영상물 관람이 가능한 곳으로 가서 고풍스러운 의자에 느긋하게 앉아 고택에 관한 동영상을 시청할 수도 있다.

"잠시 '로미오와 줄리엣의 발코니'를 살펴보겠습니다."

영상 속의 '로미오와 줄리엣의 발코니'는 작가 천단옌陈丹燕의《상하이의 풍화설월上海的风花雪月》속에 나오는 우캉루의 한 이탈리아식 발코니이다. 작품 속에서 이곳을 더욱 낭만적으로 표현하기 위해 이렇게 이름을 붙였다고 한다. 현재 이곳은 우캉루의 상징이 되었다.

좀 더 꼼꼼하게 예술센터의 건물을 살펴보면 르네상스 건축의 분위기를 느낄 수 있다. 이곳은 1층과 2층이 복층구조로 연결되어 있다. 찌그러진 타원 형태로 뻥 뚫려 있는 2층 공간에는 예술적인 분위기가 물씬 풍기는 철제 난간이 있어 사람들의 시선을 끈다. 그리고 1층 바닥에는 이 난간의 라인을 따라 그린 고풍스러운 문양으로 장식되어 있다. 그중 가장 인상적인 것은 높은 천장에 설치된 거대한 스테인드글라스 장식이다.

섬세한 이곳의 건축 디자인과 전시된 자료를 하나하나 살펴보고 있으면 오랜 세월을 거쳐 온 고택이 마치 내게 숨겨진 이야기를 들려주는 듯하다.

녹나무가 우거진
고택

## 쑹칭링 고택

宋庆龄故居
上海市徐汇区武康路393甲
64335000

화이하이중루淮海中路 1843호는 주변에 녹나무가 가득 심어진 정원주택이 있는 곳이다. 화이하이루淮海路의 주요 건축물로 보호받고 있는 이곳은 사실 겉모습만 보면 주변에 다른 주택들과 별반 다르지 않다. 하지만 쑹칭링宋庆龄이 거주했다는 사실만으로도 이 집은 특별한 의미가 있다.

쑹칭링은 1948년부터 1963년까지 이곳에 살았다. 15년간 거주했으니 그녀가 상하이에서 가장 오래 머물었던 장소라고 할 수 있다. 쑹칭링 고택으로 지정된 이곳은 지금도 철저히 보호받고 있다. 문 앞에서 꼿꼿한 자세로 서 있는 경찰 대원의 근엄한 표정만 봐도 이곳이 매우 중요한 곳이라는 사실을 짐작할 수 있다. 상하이에서 이곳처럼 철두철미하게 관리를 받는 유명인사의 고택은 극히 드물다.

집안으로 들어서면 바로 별관 건물이 보인다. 그 앞에는 흰 대리석으로 조각된 쑹칭링의 동상이 놓여 있다. 등나무 의자에 살짝 기대앉은 단정한 그녀의 모습에서 인자한 품성이 드러난다. 관광객들은 이곳에 오면 너도나도 하나같이 쑹칭링의 동상 옆에서 사진을 찍곤 한다. 그리고 사진을 다 찍고 나면 자연스럽게 발길을 돌려 뒤쪽에 있는 전시관으로 향한다.

전시관에는 쑹칭링이 상하이에 살았을 때 사용했던 물건뿐만 아니라 학교에 다녔을 때나 결혼했을 때, 세상을 떠나기 직전까지 사용했던 그녀의 손때가 묻은 물건들을 전시하고 있다. 이러한 물건들은 아주 사소한 일상용품에 불과하지만, 이를 통해 그녀의 삶을 대충 짐작할 수 있다. 예를 들어 쑹칭링의 아버지가 즐겨 보았던 기독교 서적을 통해 집안의 종교가 무엇이었는지를 알 수 있고, 몇 장의 졸업장으로 그녀가 어떤 곳에서 얼마만큼의 교육을 받았는지를 확인할 수 있다. 쑨원孫文이 직접 쓴 혼인서약서를 통해 당시 중국 귀족 집안 자녀들 간의 사랑과 결혼관도 엿볼 수 있다. 또한, 일부 정당 문건이나 회의기록 자료를 통해 당시 정치 상황을 알 수 있으며, 몇몇 정계 인사나 유명인사와 주고받았던 편지를 통해 그녀가 중국 역사상에서 얼마나 중요한 인물이었는지 짐작할 수 있다. 그중에서 내가 가장 관심 있게 살펴본 것은 그녀가 생전에 애지중지하던 레코드판이나 옷가지, 핸드백 등이다. 이런 물건이야말로 쑹칭링의 참모습을 생생하게 보여 주기 때문이다.

전시관을 다 둘러보고 나서 쑹칭링이 거주했던 주택으로 향했다. 고택의 전체 면적 4,300㎡ 중에 주택의 건축면적은 700㎡에 달한다. 그리고 주택의 앞쪽과 뒤쪽에 있는 정원에는 녹나무가 유달리 많이 심겨 있다. 이 녹나무는 소교판蘇教版 4학년 국어책 하권에 실린 '쑹칭링 고택의 녹나무'에도 자세하게 소개되어 있다.

쑹칭링 동상

난양공학의
옛 정취

# 자오퉁대학

**交通大学**
上海市徐汇区华山路1954号

자오퉁대학은 상하이에서 사연이 가장 많은 배움의 전당이다. 이곳은 중국 내에서 유일하게 3세기 내내 설립 장소를 바꾸지 않고 줄곧 한 자리만 지켜 온 고등교육기관이다. 쉬후이 지역에 고층건물이 들어서 빌딩 숲을 이룰 때도 자오퉁대학은 변화를 거부하는 고집 센 늙은이처럼 나무 그늘과 비석 아래에 웅크리고 앉아 난양공학南洋公学[1]의 옛이야기만을 곱씹고 있을 뿐이다.

난양공학은 1896년에 청대淸代 말기 고위 관료 출신인 성쉬안후이盛宣怀가 상하이에 설립한 교육기관으로 사범대학뿐만 아니라 대학 및 초 · 중 · 고교까지 갖추고 있었다. 이때부터 중국 근대 교육의 새로운 장이 펼쳐졌고, 자오퉁대학은 오늘날까지 모진 세월의 풍파를 겪으며 이 번화한 도시 속에 살아남게 되었다.

학교에 관한 이야깃거리는 교문에서부터 시작된다. 교문은 화려하고 고색창연한 중국의 전통적인 문루門樓[2]로 만들어져 전통문화유산이 많은 베이징의 느낌이 물씬 풍긴다. 교문 앞에는 고풍스러운 가로등 두 개가 설치되어 있는데, 그 가로등 아래쪽 기둥 부분에는 '교문校门桥'라는 글자가 쓰여 있다.

과거 난양공학 시절에는 교문 앞에 하천이 흐르고 그 위에 다리가 건설되어 있었다. 하지만 지금은 그 하천을 다 메우고 도로를 만들어 교문 앞에는 차들만 지나다닌다. 사실 예전에 교문이 있는 자리에는 초라한 목조 패루牌樓[3]만 세워져 있었지만, 후에 모교를 사랑하는 졸업생들의 기부금이 모여 지금처럼 멋들어진 교문이 탄생했다.

교문 안으로 들어가자마자 오른쪽 잔디밭 위에 난양공학을 상징하는 경계비와 궁글대[4]가 놓인 것이 보인다. 아마 이것은 난양공학이 남긴 가장 오래된 유물일 것이다. 그리고 경계비 바로 옆에는 화강암으로 만든 대좌臺座가 놓여 있었다. 원래 이 대좌 위에는 룽시타이荣熙泰[5] 선생의 동상이 세워져 있었지만, 지금은 흔적조차 찾아볼 수 없다. 하지만 그의 가족이 기부해서 지은 구 도서관 건물은 아직도 학교 한쪽 구석에서 꿋꿋하게 자리를 지키고 있다.

본격적인 건축 역사 탐험 여행은 구 도서관 건물에서부터 시작된다. 이 도서관 건물은 1918년에 지어졌기 때문에 지금은 창틀의 칠이 다 벗겨질 정도로 낡았다. 체육관 건물의 회랑은 로마 양식과 바로크 양식을 혼합해서 지은 것이라 멋스러운 정취가 느껴진다. 또한, 난양공학 중위안中院 건물 안에 달린 샹들리에는 지금까지도 우아한 빛을 발산하고, 신중위안新中院 건물은 독특한 매력을 풍기는 박물관으로 변했다. 고딕풍으로 장식된 공과대학 건물이나 사무동 앞에 놓인 충직해 보이는 돌사자도 볼만하다. 이곳의 건축물에 관한 이야기는 3일 밤낮을 새도 다 하지 못할 정도로 끝이 없다.

자오퉁대학은 출입을 통제하지 않아 건물 내부를 마음껏 구경할 수 있다. 게다가 구 도서관 건물 내에는 학교역사박물관도 있어 난양공학에서 자오퉁대학으로 변모하기까지의 역사를 자세하게 살펴볼 수 있다. 학교의 역사에서 가장 놀라운 점은 졸업생 중에 유명인사가 꽤 많다는 사실이다. 많아도 너무 많아서

그들의 사진을 벽면 세 곳에 나눠서 붙여둘 정도이다. 박물관은 이곳 말고도 신중위안 건물에도 있다. 그곳은 '둥하오윈董浩云[6] 항운박물관'으로 꾸며 두어 사람들에게 중국의 항운 역사를 소개해 준다.

이곳에 오면 딱히 무엇을 구경하지 않더라도 학교를 거니는 것만으로도 좋은 경험이 될 것이다. 매끈매끈한 대리석 계단을 밟거나 나선형 계단의 나무 손잡이를 만져 보는 것도 괜찮다. 혹은 다양한 양식으로 지어진 창문을 통해 햇빛이 들어오는 것만 바라봐도 중국 근대 교육의 심장부를 다 살펴본 것이나 다름없을 것이다.

공과대학 건물에 있는 고딕 양식의 아치형 문을 지나면 초록빛이 가득한 정원이 나타난다. 철제 계단을 따라 위층으로 올라가 아래를 굽어보면 정원을 둘러싸고 있는 푸른 오동나무 숲이 보인다. 그리고 햇살이 비치는 고딕 양식 밑을 걸어 다니며 여유로운 한때를 보내고 있는 학생들이 보일 것이다.

---

*1* 베이양대학당北洋大学堂과 함께 중국 근대 역사상 중국인이 최초로 세운 대학으로 자오퉁 대학의 전신이다. '난양南洋'은 청대 말기 장쑤성江苏省, 저장성浙江省, 푸젠성福建省, 광둥성广东省 등지를 일컫는다.
*2* 아래에는 출입문을 만들고 위에는 다락을 지은 방식이다.
*3* 중국에서 도시 등의 큰 거리에 가로질러 세우던 문이다.
*4* 무거운 물건을 옮길 때, 그 밑에 깔아서 굴리는 둥근 원통체를 말한다.
*5* 민족 자본가 룽쭝징荣宗敬과 룽더성荣德生의 부친이다.
*6* 세계 7대 선박왕 중 한 명이다.

자유로운
예술의 세계

# 훙팡
## Red Town

———

红坊
上海市长宁区淮海西路570号

홍팡은 상하이의 또 다른 볼거리 중 하나로 낡은 제철소를 독창적인 아이디어로 재탄생시킨 곳이다. 새로 지은 건물과 낡은 건물, 잔디밭, 기하학적인 조각상이 잘 어우러져 멋들어진 예술의 세계를 만든다. 기회가 된다면 이곳으로 예술 여행을 떠나보는 것도 좋을 것이다.

홍팡의 메인 테마는 조각상이다. 그래서인지 파릇파릇한 풀이 돋아나 있는 잔디밭 위에는 다양한 형태의 조형물이 설치되어 있다. 사람들은 마치 무엇에 이끌린 듯 이 독특한 '이차원적인 공간'으로 향한다.

잔디밭 정중앙에는 덩샤오핑邓小平의 거대한 두상이 떡하니 놓여 있다. 아이슈타인의 두상은 이곳을 찾은 사람들의 모습을 지켜보는 듯 두 눈을 부릅뜨고 있다. 폐공장의 붉은 벽돌로 만든 벤츠 조형물은 당장이라도 달려나갈 태세이고, 그 근처에 있는 철마鐵馬는 마치 개선장군처럼 위풍당당한 자세로 서 있다. 또한, 거대한 다리 모양 조형물은 성큼성큼 걸어가는 포즈를 취하고 있고, 골동품 같은 초대형 탕우쯔燙焐子[1] 조형물에는 아직도 온기가 남아 있는 듯하다.

아이를 데리고 나온 부모들은 잔디밭 위에서 아이와 함께 뛰놀며 즐거운 한때를 보낸다. 연인들은 한쪽 구석에서 열심히 사진을 찍으며 둘만의 시간을 보낸다. 날이 좋으면 온몸에 선크림을 바른 채 잔디밭에 누워 일광욕을 즐기는 사람들도 있다.

爱因斯坦 (1879-1955)
Albert Einstein

Happy New Year 2015

雕刻时光咖啡馆
sculpting in time café

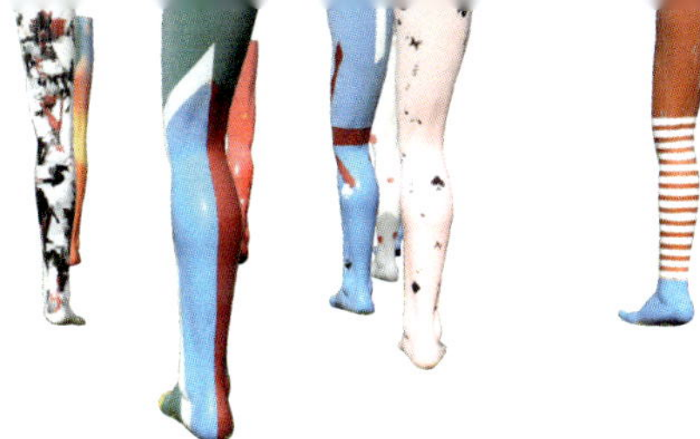



　　잔디밭을 지나 예전에 스강+鋼 회사의 공장이었던 곳으로 가면 더 많은 조각 작품을 구경할 수 있다. 사실 이곳은 상하이 조각예술센터로 1층만 전시관으로 사용하고, 다른 층은 상업용으로 쓰고 있다. 마침 이곳에서 근무하는 여직원이 전시관 홀을 지나갔는데 또각또각하는 하이힐 소리가 마치 색다른 리듬의 음악처럼 느껴졌다.

　　조각예술센터의 조각품을 구경한 후에 밖으로 나오면 다양한 상점이 눈에 띈다. 카페, 사진관, 독립 갤러리, 디자이너 브랜드숍, 사무실 등이 모두 모여 있어 마치 상업과 예술이 하나로 어우러져 있는 것 같은 느낌이 든다. 이곳의 상점들은 구석구석을 예술적으로 꾸며 두어 실제 갤러리보다 훨씬 더 갤러리답다. 베레모처럼 생긴 전등이나 2층에 매달린 흔들 목마는 매우 독특해 보안다. 그리고 건물 3층 높이에 맞먹을 정도로 길쭉한 연필 모양의 조형물이 사무실 건물 앞에 세워져 있다.

　　담쟁이덩굴이 둘러싸고 있는 붉은 공장 건물 쪽으로 가면 모든 상점의 쇼윈도나 진열대가 작품이 전시된 갤러리처럼 보인다. 하나하나 살피다 보면 이곳의 예술 작품에는 제한이나 규칙이 없다는 것을 알게 될 것이다. 마치 자유의 바람이 불어 닥친 것처럼 이곳은 저마다의 독특한 예술 세계가 형성된 듯하다.

---

*1* 과거에 사용하던 보온용기의 일종으로 항아리나 주머니 같은 것에 뜨거운 물을 담아 사용한다.

思南路

이곳은 상하이의 첫 번째 황금시대 유적이라고 할 수 있다.
이곳에서 쓰난루의 공관 건물이나 타이캉루의 스쿠먼,
루이징의 정원주택, 푸싱루의 고풍스러운 아파트 등을
살펴보면 잠시나마 상하이의 옛 정취를 느낄 수 있다.

复兴路

Galanz
格兰仕

绒布被套专卖

## 서양 건축에서 스쿠먼까지,
## 옛 상하이로의 회귀

이곳은 세월이 흐름에 따라 중국 정치의 거센 폭풍 속에 휘말려 격변의 시기를
거쳐야 했다. 이곳의 스쿠먼石庫门 골목에서 나오는 꼬부랑 할머니는 한 시대를
풍미했던 영웅들과 함께한 찬란했던 옛 시절을 회상하고 있을지도 모른다. 예전
에 영국의 윌리엄 왕자가 이곳을 방문해 영국의 흔적을 찾아보려고 노력한 적이
있다. 하지만 그는 오히려 전설 같은 중국의 과거 이야기만 듣고 돌아가야 했다.
여러 개척자도 루이진루瑞京路의 수많은 땅을 소유하며 자신의 위세를 과시하기
도 했지만, 결국 험난한 역사의 수레바퀴 아래에 모두 굴복하고 말았다. 프랑스
식민지 개척자들도 한때 이곳에서 최상류 계층의 호화로운 생활을 영위했지만,
어느 순간 그들이 소유한 모든 것은 국적이 불분명한 신흥귀족의 손아귀로 넘어
가게 되었다. 이런 격변의 시대를 거치면서도 유일하게 변하지 않은 것은 이 거
리의 고급스러운 분위기이다.

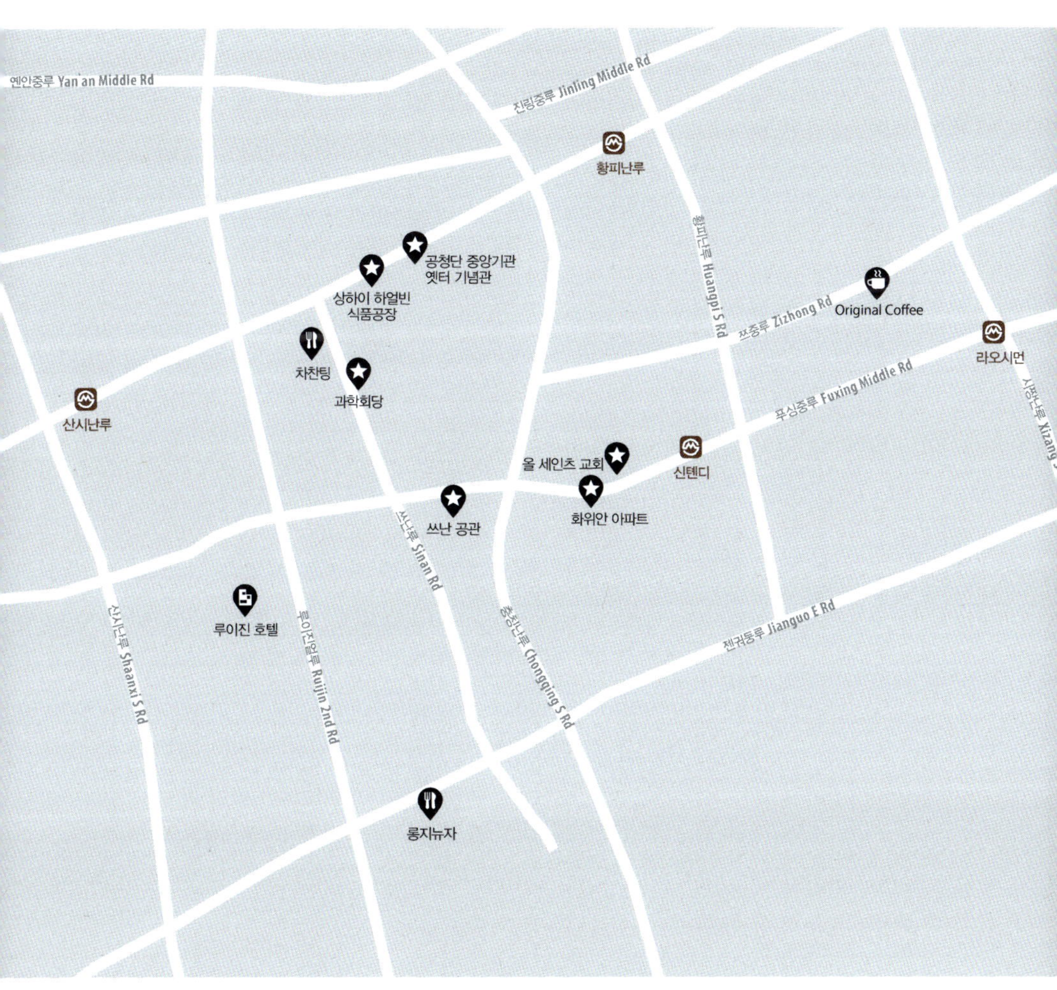


▶ 공청단 중앙기관 옛터 기념관 → 상하이 하얼빈 식품공장 → 차찬팅 → 과학회당 → 쓰난 공관 → 루이진 호텔 → 롱지 뉴자 → 화위안 아파트와 올 세인츠 교회 → Original Coffee ○

　　거리의 아름다운 풍경을 감상하며 걷다 보면 성당에서 기도하는 소리가 들려온다. 주변에 있는 낡고 오래된 아파트는 매일같이 기도 소리를 듣고 살았기 때문에 신앙심이 무척 깊을 듯하다. 이곳에서 멀지 않은 곳에 있는 이름난 몇몇 스쿠먼은 새로운 시대의 상징이 되었지만, 보존 가치를 인정받지 못한 대부분의 스쿠먼은 폐허가 되고 말았다.

　　이처럼 상하이가 새로운 모습으로 탈바꿈하는 중에 라오쯔하오老字号가 이 고상한 거리에 다시 등장하게 되었다. 덕분에 상하이 전통의 맛이 끊이지 않고 오늘날까지 이어져 올 수 있었다. 중국과 타이완의 젊은이들은 이곳으로 몰려와 모험가처럼 새로운 곳을 개척해 자신만의 이야기를 만들기 시작했다. 그들은 모험과 꿈을 위해서나 아름다운 오동나무 숲을 감상하기 위해서 이곳을 찾는다. 어쨌든 이곳은 다양한 사람이 즐겨 찾는 상하이의 또 다른 명소가 되었다.

科學會堂

스쿠먼 골목에
숨어 있는
옛 중앙기관

# 공청단 중앙기관
## 옛터 기념관

共青团中央机关旧址紀念館
上海市黄浦区淮海中路567弄2号

위양리漁阳里는 프랑스 조계지 내에 있는 전형적인 구식 골목주택旧里[1]으로 번화한 화이하이중루淮海中路에 숨은 듯이 자리 잡고 있다. 이 건물은 이곳에 거의 마지막으로 남은 스쿠먼石库门이다. 화이하이중루 역사의 산증인과도 같은 이 스쿠먼 건물에서 공청단[2]이 만들어지게 되었다고 해도 과언이 아니다. 이로 인해 이 낡은 스쿠먼 건물은 지금까지 남아 있을 수 있었다.

시끌벅적한 화이하이중루에서 공청단 기념관을 찾아가려면 주위를 잘 살펴야 한다. 건물 위에 걸린 현판을 발견하지 못하면 그냥 지나칠 수도 있기 때문이다. 우리 일행이 골목 입구에 도착했을 때 마침 정오 무렵이었다. 아흔 살은 족히 넘어 보이는 할머니 한 분이 우리를 보더니 기념관을 찾고 있다는 것을 눈치채고는 이렇게 말했다.

"지금 거기는 문을 닫았을 거네. 정오 무렵은 쉬는 시간이거든."

이 할머니는 이곳에서 수십 년간 살아서 기념관을 찾는 사람이 있으면 길을 일러주곤 하는 모양이었다.

"저 두 번째 골목이 바로 기념관이라네. 오후에 다시 오게나."

할머니가 계시던 곳과 기념관 사이는 그리 멀지 않았다. 기념관 건물은 유럽 스타일로 지어진 상하이의 전통적인 스쿠먼이다. 골목길 위에는 만국기가 나부끼고 있고, 건물 위쪽은 유럽풍으로 장식되어 있다. 하지만 검은 대문 위에는 중국풍 동물문양 문고리가 달려서 조금 색다르게 느껴졌다. 만약 외벽에 현판 없이 6호라는 문패만 덩그러니 달아두었다면, 일반 스쿠먼과 별 차이가 없어 이곳이 기념관이라는 사실을 알아채지 못하고 그냥 지나쳤을지도 모른다.

1921년에 창단된 공청단의 전신은 바로 '사회주의 청년단社会主义青年团'이다. 당시 이 스쿠먼 건물은 공청단이 최초로 사용한 중앙기관 사무소였고, 주변에는 이와 비슷한 스쿠먼 건물이 많았다. 중국 공산당 창시자들은 항상 이곳을 드나들었고, 1대 지도자도 일이 많든 적든 간에 이곳에 와서 업무를 처리했다고 한다. 당시에는 이 평범한 스쿠먼 건물이 그들의 은밀한 보호막이었다고 할 수 있다.

오늘날 주변에 있는 스쿠먼은 모두 화려하고 고급스러운 상가 건물로 변해 버렸다. 쇼윈도에 진열된 럭셔리한 상품들은 사람들의 시선을 사로잡았고, 거리는 차와 사람으로 늘 붐볐다. 하지만 이 많은 사람 중에 이곳에 공청단 기념관이 있다는 것을 아는 사람은 극히 드물 것이다. 더욱이 기념관 바로 옆 건물에 중국 개혁을 선도한 잡지인 《신청년新青年》을 펴낸 출판사도 있다는 사실을 알 리 없다. 하지만 거리를 재건할 때 이곳의 존재를 파악한 뒤로는 보존을 위해 일부러 길을 돌아가도록 냈다고 한다.

아직도 이곳에는 위양리의 옛 주민들이 살고 있다. 당시 사람들의 후손이라고 해도 다들 일흔이 넘은 노인들이다. 하지만 이들은 공청단에 관해 또렷하게 기억하고 있다.

"예전에 이곳에서 마오쩌둥毛泽东이나 저우언라이周恩来³를 본 적이 있지."

우리에게 길을 알려준 할머니가 그때의 기억을 떠올리며 감격스러운 듯이 말했다.

"내 아들에게 세뱃돈도 줬다네."

그러더니 할머니는 조용히 자리에서 일어나 허름한 스쿠먼 골목 안으로 사라져 버렸다.

---

*1* 스쿠먼 형태의 전통 주택으로 건축 면적이 비교적 작고 건설비가 저렴해 주로 서민들이 거주한다.
*2* '중국 공산주의 청년단中国共产主义青年团'의 약칭이다.
*3* 중화인민공화국 건국 후 국무원 총리를 지낸 정치가이다.

오랜 기다림을 보상해 주는
상하이 전통의 맛

# 상하이 하얼빈
## 식품공장

上海哈尔滨食品厂
上海市卢湾区淮海中路613号
53832451

'상하이 하얼빈 식품공장'이라는 이름이 촌스럽게 느껴질지도 모르지만, 이곳은 옛 상하이의 맛을 그대로 유지하고 있는 전통 있는 브랜드 중 하나이다. 이곳의 탄생은 1930년대에 러시아식 양과자를 만들면서부터이다. 수많은 라오쯔하오老字号와 마찬가지로 이곳도 한때 파산할 뻔했지만, 새로운 관리 방식과 품질 향상을 통해 지금의 모습으로 재탄생하게 되었다. 최근에는 좀 더 넓은 매장으로 이전까지 했다고 한다.

상하이 하얼빈 식품공장의 입구에는 늘 길게 늘어진 줄이 있다. 사람이 많을 때는 줄이 10여 미터를 넘기도 한다. 안으로 들어가면 밝고 산뜻한 느낌으로 꾸며진 매장 내부가 보인다. 매장 한쪽에 있는 계산대 앞에는 한 점원이 눈코 뜰 새 없이 바쁘게 포장이나 계산을 하고 있다. 벽 쪽 유리 진열장 안에 놓인 갓 구운 빵이나 쿠키는 꽤 먹음직스러워 보인다. 이곳에서는 치즈케이크, 캐러멜, 싱런빙杏仁饼[1] 등 서양식 디저트부터 중국 전통 과자까지 다양 종류의 음식을 판매하고 있다. 그리고 갓 구운 빵이나 쿠키도 팔기 때문에 항상 매장 안에서 짙은 우유 향이 난다.

가게 안에서 풍기는 맛있는 냄새는 사람들에게 아련한 상하이의 옛 추억을 떠오르게 한다. 예전에는 이곳에서 파는 팔미예Palmier 쿠키가 귀지 호텔国际饭店 베이커리에서 파는 것만큼 맛있다는 평가를 받기도 했다. 그 중 에베레스트 산을 오를 때 먹었다는 등산 케이크登山蛋糕[2]는 꼭 한번 먹어 볼만하다.

이곳에 오면 십여 분 정도 길게 줄을 서야지만 간신히 '하스哈氏'라고 적힌 종이봉투를 받아들 수 있다. 빵과 쿠키가 가득 담긴 이 종이봉투를 받아드는 순간 사람들은 줄을 섰던 수고도 잊어버리고 만족스러운 표정으로 가게를 나선다. 몇몇 사람은 참기 힘들었는지 빵을 사자마자 그 자리에서 바로 먹어치워 버리기도 한다.

요즘에는 1층에 카페를 따로 만들어 두었다. 무선인터넷도 무료로 이용할 수 있어서 느긋하게 앉아 빵과 함께 음료를 마시며 시간을 보내기에 좋을 것 같다. 2층으로 올라가면 색다른 광경에 또 한 번 놀라게 될 것이다. 한쪽 구석에 놓인 바Bar 테이블 위에는 구식 유성기가 진열되어 있고, 그 옆에는 인형 한 쌍이 놓여 있다. 그리고 매장 벽면에는 상하이의 과거 모습이 담긴 흑백 사진을 잔뜩 걸려 있다. 사진 속에는 거리를 지나다니는 전차, 폐품을 싣고 골목 안을 누비고 다니는 손수레 자전거, 북적거리지만 인정미가 넘쳐흐르는 골목 풍경 등이 담겨 있어 볼수록 정겨운 옛 추억이 되살아난다. 이곳의 소파에 느긋하게 앉아 창밖에 보이는 화이하이루淮海路의 오동나무 숲을 바라보면 마치 과거 상하이로 되돌아 간 듯한 느낌이 들 것이다.

이곳을 지날 때면 고소한 빵 냄새에 이끌려 자신도 모르게 줄을 서 팔미예를 사게 될지도 모른다. 그렇게 된다면 받아든 종이봉투를 한번 자세히 살펴보자. 봉투에는 아마 '포근한 옛 추억을 선사해 주는 곳'이라는 문구가 쓰여 있을 것이다.

1 녹두가루로 만든 중국 전통 과자이다.
2 고산지대를 등반 때 비상식량으로 먹는 영양이 풍부한 케이크로 상하이 하얼빈 식품공장에서 개발했다.

추억 속
영화에 등장하는
차찬팅

# 차찬팅
Cha's Restaurant

查餐厅
上海市卢湾区思南路30-4号
60932062

상하이 쓰난루에 티 레스토랑 스타일의 차찬팅茶餐厅[1]이 등장하자마자 세간의 관심이 집중되었다. 차찬팅의 주인은 홍콩 사람으로 원래는 영화 제작을 했었다고 한다. 그래서인지 음식점 곳곳에서 오래된 영화 세트장처럼 빈티지한 분위기가 느껴진다.

음식점 가장 안쪽에는 거대한 원목 바 테이블이 가로로 놓여 있다. 벽에는 옛날 시계와 장식 등이 있고 머리 위 천장에는 천장용 선풍기가 군데군데 설치되어 있다. 바닥에 깔린 마름모 형태의 블랙과 화이트 타일은 칸막이처럼 설치된 컬러풀한 스테인드글라스와 제법 조화이루며 클래식한 분위기를 낸다. 음식점 내부 벽면에는 타일을 절반만 붙여 빈티지한 느낌을 살렸고, 벽면 바로 옆에는 내구성이 뛰어난 테이블과 의자가 놓여 있다. 테이블 위쪽 벽에는 낡은 칠판 몇 개가 걸려 있는데, 칠판에 깔끔한 해서체로 메뉴를 적어 눈길을 끈다. 빈티지한 내부 인테리어는 차찬팅을 한층 더 분위기 있게 만든다.

상하이에 사는 70허우后나 80허우[2] 세대들은 대부분 어릴 적부터 홍콩 영화나 TV 드라마를 보고 자라왔다. 그래서인지 오래된 영화에서나 나올 법한 이곳의 인테리어는 그들에게 왠지 낯설면서도 익숙하게 다가와 홍콩 영화를 즐겨 보던 어린 시절의 향수를 불러일으킨다.

이 빈티지 스타일 음식점은 기성세대뿐만 아니라 상하이 젊은이들 사이에서도 열렬히 환영받아 순식간에 명소가 되었다. 식사 때가 되면 매번 줄을 서야 하고, 간신히 자리를 잡더라도 합석을 해야 하는 경우가 허다하다. 상하이에서 홍콩식 음식점이 맛집으로 인정받아 장사가 잘되는 경우는 매우 드물다. 까다로운 상하이 사람들의 입맛을 맞추기가 여간 어려운 일이 아니기 때문이다. 다행히도 이곳의 음식은 상하이 사람들의 입맛에도 딱 들어맞았다. 길게 줄을 서고 모르는 사람과 한 테이블에 앉아서 밥을 먹는 불편함을 잊을 정도로……

차찬팅을 방문하는 사람들이 가장 많이 찾는 메뉴는 바로 밀크티이다. 이곳의 간판 메뉴라고 할 정도로 매우 유명하다. 아마도 홍콩식 밀크티인 '강스쓰와港式丝袜' 제조법을 그대로 재현해 차 맛이 그윽하고 떫은맛도 느껴지지 않기 때문일 것이다. 차의 농도도 적당해서 좋은 품질의 밀크티라고 할 만하다. 아이스 밀크티를 주문하면 음료 안에 다갈색 얼음이 떠 있는 것이 보인다. 이것은 밀크티를 얼려서 만든 얼음으로 이렇게 하면 얼음이 녹으면서 차 맛이 희석되는 것을 방지해 다 마실 때까지 짙은 밀크티의 맛을 유지할 수 있다.

밀크티 말고도 츠유지豉油鸡[3]의 맛도 괜찮은 편이다. 츠유豉油가 닭고기 속에 완전히 배어들어 고기가 부드럽고 퍽퍽하지 않아 식감이 매우 좋다. 다 먹고 난 뒤에도 계속 츠유의 향이 입안에 감돌 정도이다. 다른 요리들도 정통의 맛을 제대로 살렸기 때문에 먹어 볼 만하다. 요리의 본고장인 광둥广东 사람들조차 이곳의 음식이 맛있다는 입소문을 듣고 찾아와 문전성시를 이루고 있을 정도이니 말이다. 그래서 이곳에 오면 광둥어를 실컷 들을 수 있다.

아쉬웠던 점은 윈툰몐云吞面[4]이 없다는 것인데, 원래 장사가 잘되는 집은 세심하게 접대할 수 없고 오래 기다려야 한다는 단점이 있기 때문에 팔지 않는지도 모른다. 이것 말고는 전반적으로 괜찮은 맛집이어서 한번쯤은 와서 이곳의 음식을 먹어 보는 것도 좋을 듯하다.

---

*1* 차와 식사가 가능한 홍콩 특유의 카페이다.
*2* 1978년에서 1985년 사이에 중국에서 태어난 사람들. 특히 80허우는 80년대 이후에 출생한 중국의 외동아들이나 외동딸을 가리킨다.
*3* 닭고기에 간장 소스의 일종인 츠유를 넣고 만든 전통 광둥 요리이다.
*4* 광둥의 국수 요리로 완탕면이라고도 한다.

CHA'S
RESTAURANT

프랑스 총회 건물의
화려한 부활

# 과학회당

科学会堂
上海市卢湾区南昌路47号

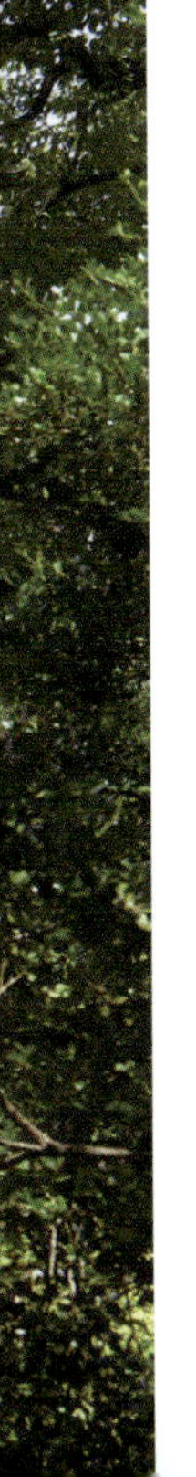

쓰난루思南路와 난창루南昌路 입구 쪽으로 가면 웅장한 현대 건축물 하나가 눈앞에 나타날 것이다. 이 건물은 마치 오동나무로 이루어진 바다를 헤치고 정박해 있는 거대한 범선처럼 보인다. 과학자들의 학문 교류 장으로 이용되는 이곳의 정식 명칭은 과학회당 쓰난관科学会堂思南馆이다.

조금 더 앞으로 가면 또 다른 과학회당 건물이 나오는데, 전체적으로 누런빛을 띠는 이 건물에는 고풍스러운 반원형 차양이 설치되어 있다. 차양 아래에는 세련된 디자인의 창틀이 외벽을 아름답게 장식하고 있다. 빛과 형상을 이용한 이러한 색다른 디자인은 사람들의 발길을 사로잡을 만하다.

하지만 지금까지 설명한 것은 과학회당의 극히 일부분으로 이곳의 진정한 모습은 1호 건물을 봐야 알 수 있다. 이 건물은 원래 프랑스 총회 사무소로 사용되었다. 1900년대 초기에 건설된 이 거대한 건축물은 당시 프랑스 조계지에서 가장 유명한 사교장이자 유흥장이었다.

건물의 정문은 난창루 쪽으로 나 있다. 오동나무 그늘에 묵묵히 서 있는 이 건물은 회색 자갈로 외벽을 마감 처리했고 아치 형태의 포치Porch나 창틀, 처마 등은 흰 테두리를 둘러 심플하게 장식했다. 건물 앞에는 하늘을 다 가릴 정도로 커다란 오동나무가 심겨 있어 맞은편 거리에 서서 건물을 바라보면 지붕이 잘 보이지 않을 정도이다. 하지만 이런 모습이 오히려 아늑하고 고즈넉한 분위기를 자아낸다.

건물 안으로 들어가면 중앙 홀에는 2층으로 올라가는 널찍한 나선형 계단이 양쪽에 설치되어 있고, 그 가운데에는 스테인드글라스로 만든 병풍이 있다. 화려한 색감의 병풍 뒤쪽에는 유럽풍 가구와 유성기가 놓여 있다. 단지 고풍스러운 의자 두 개와 작은 서랍장 하나가 놓여 있을 뿐이지만 20세기 프랑스의 분위기가 물씬 풍긴다.

중앙 홀 남쪽에는 밖으로 나가는 문 하나가 있다. 활짝 열린 문을 통해 밖을 내다보니 파릇파릇한 잔디밭이 보인다. 그 잔디밭 위에는 커다란 녹나무가 우아한 자태로 가지를 뻗어 시원한 그늘을 만든다. 내가 그곳을 방문했을 때 나무 아래에서 젊은 여성 두세 명이 사진을 찍으며 즐거운 한때를 보내고 있었다. 그리고 주변 분수대 옆에는 신나게 뛰노는 아이들의 모습이 보였다. 이런 광경을 보고 있으니 문득 평화로운 낙원의 한 장면이 떠올랐다.

건물 1층 남쪽에 나 있는 길쭉한 복도에는 벽면의 유리창을 통해 따사로운 햇살이 쏟아지듯 들어온다. 햇살은 몽환적인 분위기를 자아낸다. 복도의 다른 쪽 벽면에는 화가의 그림이 쭉 걸려 있어 예술적인 느낌이 물씬 풍긴다. 창문 바깥쪽에는 야외 테이블을 설치해 관광객들이 편하게 앉아서 쉴 수 있도록 했다. 마침 그곳에는 깔끔하게 잘 차려입은 사람들이 따뜻한 햇볕 아래에 앉아서 시가를 피우며 와인을 마시고 있었다. 그 모습을 보고 있으니 마치 최상류 계층의 사교

장으로 쓰이던 과거로 되돌아간 듯했다.

장소를 옮겨 단단해 보이는 나무 계단을 따라 2층으로 올라가면 궁전같이 화려하게 꾸며진 곳이 있다. 북쪽에는 매화나무 도안이 그려진 커다란 스테인드글라스 장식이 있다. 그곳으로 햇빛이 들 때면 반들반들한 나무 바닥 위에 매화나무 그림자가 비쳐 운치를 더한다. 그리고 위쪽 돔형 지붕에는 각종 장식이 가득한데, 그중에서도 구리로 만든 상들리에가 가장 눈에 띈다. 벽 양쪽에 걸려 있는 추상적인 그림들은 이곳의 분위기를 더욱 예술적으로 만든다.

2층에 있는 방은 각종 장식으로 잘 꾸며져 우아함을 더하고 있다. 어떤 방은 유럽 스타일로 꾸며졌고 또 다른 방은 중국적인 색채가 강하다. 마치 모든 방이 각각의 예술작품처럼 보여서 한번쯤은 둘러볼 만하다.

프랑스 조계지에서 즐기는
품격 있는 생활

# 쓰난 공관

思南公馆
上海市黄浦区复兴中路523号

프랑스 공원法国公园을 따라 남쪽으로 가다 보면 라페이더루辣斐德路, Rue Lafayette가 나온다.[1] 1920년 이곳에 최초로 정원주택이 건설되었다. 이후 10년 동안은 라페이더루 남쪽, 마쓰난루马斯南路, Route Massenet 동쪽, 뤼반루吕班路, Avenue Dubail 남쪽에 정원주택이 줄줄이 들어섰다.[2] 결국 상하이의 주요 권력자인 군정 요원, 사업가, 전문가, 예술가들이 이곳으로 입주해 오면서 쓰난루는 상류계층의 집결지가 되었다.

100년이 지난 지금도 오동나무 숲 깊숙한 곳에 위치한 쓰난루思南路는 여전히 아름답다. 이곳에 줄지어 들어서 있는 51채의 주택은 모진 세월의 풍파 속에서도 꿋꿋하게 자리를 지켜 와 결국 상하이의 명물이 되었다.

공관 구역으로 들어서면 각양각색의 멋스러운 주택들이 보인다. 자세히 살펴보면 모든 건물이 엇비슷하게 지어진 것 같다. 프랑스풍 별장 양식을 갖춘 이곳의 건축은 외벽을 회색 자갈로 마감 처리한 3층 건물이 대부분이다. 경사진 지붕은 들쭉날쭉해 보이지만, 그 모습이 오히려 더 매력적으로 느껴진다. 그리고 창문에는 붉은색 원목 갤러리 창을 설치해 직사광선이 들어오는 것을 막았다.

가장 독특했던 것은 건물 1층의 포치Porch가 대부분 아래로 움푹 들어간 썬큰식Sunken式 구조라는 점이다. 포치의 입구 부분은 넓은 아치 형태이고, 그 안쪽에는 높고 길쭉한 프랑스식 창을 달았다. 이곳을 통해 따뜻한 햇볕이 온종일 들 것 같다. 그뿐만 아니라 건물 한쪽에는 2층으로 올라가는 계단이 설치되어 있고, 계단 난간 위에는 정성 들여 가꾼 화분이 매달려 있다. 화분 위로 햇볕이 내리쬐면 단조로운 색감의 꽃 위에 빛이 더해져 생기가 흘러넘친다.

　　과거 이곳에는 명문가 사람들이 살았지만, 지금은 명품 브랜드숍이나 레스토랑, 호텔 등이 들어서 있다. 고풍스러운 상하이의 옛 거리를 한순간에 화려한 상점가로 만들어 버린 것이다. 호텔 주변의 가로수길 양쪽에는 다양한 상점이 줄줄이 들어서 있다. 그중 한 레스토랑은 나무 그늘에 새하얀 식탁보가 덮인 테이블을 차려두기도 했다. 길쭉한 테이블 위에 놓인 은색 식기가 반짝반짝 빛을 발하는 모습이 눈길을 끌었다. 그곳에서 고개를 들어 하늘을 바라보면 나뭇가지 사이로 정교하게 장식된 발코니 창이 살짝 보였다.

　　이곳에 오면 잘 차려입은 손님들이 나무 그늘이 우거진 야외 테이블에 앉아 술과 요리를 먹으며 즐거운 한때를 보내고 있는 모습을 볼 수 있다. 그 모습을 보고 있으면 마치 어느 프랑스 시골 마을에 와 있는 듯한 느낌이 들 것이다.

*1* 프랑스 공원은 지금의 푸싱 공원复兴公园, 라페이더루는 지금의 푸싱중루复兴中路이다.
*2* 마쓰난루는 지금의 쓰난루思南路, 뤼반루는 지금의 충칭난루重庆南路이다.

1호 건물에 얽힌
전설 같은 이야기

# 루이진 호텔

瑞金宾馆
上海市黄浦区瑞金二路118号

루이진 호텔은 원래 영국 상인인 마리스 벤자민Maris Benjamin이 가족을 위해 상하이에 지은 저택이다. 이들은 중국에서 최초로 영문 신문을 발행했을 뿐만 아니라 경견장競犬場[1]도 운영했다.

정원 깊숙한 곳에 지어진 루이진 호텔은 한때 마리스 벤자민의 이름을 따서 '마리스 화원'이라고 불리기도 했다. 넓은 정원 안에 깔린 잔디는 마치 초록빛 카펫처럼 보이고, 우뚝 솟아 있는 커다란 녹나무는 하늘을 뒤덮을 정도로 무성하다. 이로 인해 이곳의 건물은 유럽에 있는 저택처럼 매우 웅장해 보인다. 정원에는 다양한 양식으로 꾸며진 정자와 포도 덩굴이 우거진 회랑, 대리석 분수대가 있다. 그래서 이곳의 정원을 거닐다 보면 마치 도심 속 공원에 와 있는 듯한 느낌이다.

현재 루이진 호텔 1호 건물은 예전에 마리스 화원이라고 불리던 시절에 사용하던 본관 건물이다. 그 옆에는 부속 건물로 사용하던 2호 건물도 있다. 영국의 신고전주의 양식으로 디자인된 본관 건물은 주로 루이 14세 초기부터 루이 16세 초기까지의 궁전 건축양식을 참고해서 지었다. 그래서인지 건물 내부 인테리어도 대부분 전형적인 고전 건축양식으로 꾸며져 있다. 벽에는 복사꽃 문양으로 장식된 나무 벽을 추가로 둘러놓았고, 바닥에는 티크Teak 재질의 모자이크 문양 바닥재를 깔았다. 일부 공간의 바닥과 기둥은 대리석으로 장식해 고급스러움이 느껴진다. 그뿐만 아니라 호텔 레스토랑 천장에는 우아한 크리스털 샹들리에를 걸어 더욱 운치 있다.

2층으로 올라가면 분위기가 조금 달라진다. 인테리어 장식에서 중국 분위기가 물씬 풍기기 때문이다. 방과 방 사이의 벽은 두 마리 사자가 공을 가지고 노는 모습이나 공작이 꼬리를 활짝 펴고 있는 모습, 화초 도안으로 장식했다. 그리고 격자 창틀에는 다양한 중국 전통 문양을 새겼다. 건물 내에 비치된 가구도 고풍스러운 중국 전통 양식의 마호가니Mahogany 원목 가구여서 옛 주인의 중국문화 사랑을 엿볼 수 있다.

현대적인 건축양식으로 화려하게 지어진 루이진 호텔 3호 건물은 정원 가장 깊숙한 곳에 자리 잡고 있다. 동북쪽에는 붉은 벽돌과 경사면 지붕으로 꾸며진 4호 건물도 있는데, 이 건물은 이탈리아 르네상스 시기의 건축 느낌이 난다.

루이진 호텔 건물은 상하이의 다른 고건축과 마찬가지로 세월의 모진 풍파를 겪으며 오늘날까지 남았다. 그중에서도 1호 건물에 관한 에피소드가 가장 많다. 앞서 말했듯이 이 건물을 처음으로 지은 사람은 상하이에서 크게 성공하여 갑자기 큰돈을 손에 쥐게 된 모험가 스타일의 사업가였다. 그는 경마를 시작으로 신문출판업계와 부동산업계로 발을 들이게 되면서 재벌이 되었다. 큰 성공을 거둔 그는 이곳에 화려한 건물을 지었고, 1927년에 이곳의 1호 건물의 로즈 홀Rose Hall에서는 장제스蔣介石와 쑹메이링宋美齡이 약혼식을 거행하기도 했다. 지금도 건물 내부에는 '장제스와 쑹메이링이 약혼한 곳'이라고 적힌 기념비가 남아 있다. 그리고 2차 대전이 한창 벌어지는 외중에도 이곳에는 아편을 피울 수 있는 아편 흡연장이 운영되었다.

융단茵 같은 초록빛 잔디밭 위에 묵묵히 가로로 누워臥 있는 1호 건물에 조경 전문가 천총저우陳從周 교수는 '워인러우臥茵楼'라는 이름을 붙였다. 지금 이 건물 1층에는 색다른 분위기의 카페가 들어섰다. 그리고 카페 앞에 펼쳐진 드넓은 잔디밭은 결혼식을 거행하거나 사진 찍기에 좋은 장소로 주목받고 있다. 3호 건물

은 '아름다운 생각'이라는 의미의 '치쓰러우绮思楼'라고 불렸고, 건물 아래쪽 회랑에는 주점이 있다. 그곳에 놓여 있는 테이블과 의자는 소박하면서도 고상한 멋을 풍긴다.

호텔 방도 마찬가지로 벽돌담이나 옛날에 쓰던 서랍장을 그대로 두어서 매우 고풍스러워 보인다. 그뿐만 아니라 장식 등이나 소품들도 모두 엔티크한 것이어서 보고 있으면 과거로 되돌아간 듯한 느낌이다. 이처럼 고풍스러우면서도 세련된 루이진 호텔은 상하이의 유행을 선도하는 대표적인 상징물이 되었다.

1 개들이 달리기 시합을 하는 경기장이다.

놓치고 지나치기 쉬운
상하이 맛집

## **롱지** 뉴자

———

荣记牛杂
上海市黄浦区田子坊210弄7号10室

“술맛만 좋으면 후미진 골목에 자리 잡고 있어도 전혀 두렵지 않다!”

이 속담은 지금 소개할 가게를 묘사하기에 가장 적합한 말이다. 톈쯔팡 田子坊 골목 깊숙한 곳에 자리 잡고 있는 ‘룽지 뉴자’는 유명한 상하이 맛집 중 하나이다. 하지만 점포가 너무 작고 사람이 잘 다니지 않는 후미진 골목에 있어 자칫 잘못하면 지나쳐 버릴 수도 있다.

이곳의 점포 면적은 십여 제곱미터에 불과하다. 폭도 겨우 $1m$밖에 되지 않아 두 명이 나란히 들어오면 어깨를 부딪치기 십상이다. 손님이 앉을 좌석도 다섯 군데밖에 없을 정도로 시설이 열악하지만, 단골손님들은 하루가 멀다고 늘 이곳을 찾는다.

홍콩 분위기가 물씬 풍기는 가게 안으로 들어서면 삶은 고기 냄새가 코끝을 자극한다. 주위를 둘러보면 입구에 있는 조리대 위에 금방 삶아낸 듯한 소 내장이 잔뜩 쌓여 있다. 풍채가 멋진 이곳의 가게 주인은 가위를 들고 재빠르게 소 내장을 서걱서걱 썰더니 순식간에 중국식 소내장탕인 뉴자牛杂 한 그릇을 뚝딱 만든다. 그는 완성된 뉴자를 건네주면서 친절하게 이런 말도 덧붙인다.

“고수를 넣어 줄까요? 저쪽에 있는 소스를 뿌려 먹으면 더 맛있을 거예요.”

뉴자를 만들 때 가장 중요한 것은 청결이다. 그래서 가게 주인은 매일 새벽마다 신선한 소 내장을 받아 와 깨끗하게 씻어서 손질해 둔다고 한다. 일일이 손으로 소 내장에 붙어 있는 지방 덩어리를 떼고 물로 씻어야 하므로 손질하는 것만 해도 시간이 꽤 걸린다. 본격적으로 뉴자를 만들려면 깨끗하게 손질한 소 내장을 소뼈 우린 물에 넣고 간을 해서 푹 끓여야 한다. 먼저 약한 불로 밤새 푹 삶은 후에 다시 무를 썰어 넣고 두 시간 정도 더 끓인다. 그러면 우리가 아는 맛있는 뤄보 뉴자萝卜牛杂[1]가 만들어진다.

뉴자에는 소 내장 중 물컹물컹한 것도 있고 오독오독한 것도 있다. 그리고 무가 소 내장에 감칠맛을 더해 주어 더욱 풍성한 맛이 난다. 이곳의 뉴자는 홍콩이나 마카오식 뉴자 맛이 강하다. 주인 스스로 마카오의 롱지 뉴자 조리법을 몰래 베껴 왔다고 인정했다. 그래서인지 이곳의 뉴자에는 홍콩이나 마카오에서 먹던 맛이 그대로 느껴진다.

이곳의 완짜이츠碗仔翅[2]도 기가 막히게 맛있다. 이곳에서 파는 완짜이츠에는 손으로 빚은 완자에 가리비와 순채 등이 들어가 있다. 해산물 때문인지 부드러운 맛과 감칠맛이 느껴진다. 다른 재료도 많이 들어가 있어 식감도 좋다. 나는 가게 주인의 추천대로 레몬을 넣어 상큼한 맛이 나는 아이스 레몬티와 쫄깃한 식감을 느낄 수 있는 카레 피시볼도 먹었다. 신기하게도 이곳에서 먹어 본 모든 음식에는 홍콩이나 마카오 특유의 맛이 느껴진다.

롱지 뉴자의 주인은 친구 두 명과 함께 이곳 톈쯔팡에 가게를 열었다. 그는 돈을 벌기 위해서가 아니라 사람들에게 맛있는 음식을 대접하는 것이 좋아서 가게를 열었다고 했다. 하지만 연일 치솟는 이곳의 임대료가 그에게 적잖은 스트레스를 안겨 준다.

"우리는 지금 이전할 곳을 찾고 있어요. 임대료가 또 오른다면 더는 버티지 못할 테니까요."

아직 이곳의 뉴자를 맛보지 못한 사람이 있다면 하루라도 빨리 먹어 보기를 권한다. 조만간 톈쯔팡의 지도에서 이곳이 사라질지도 모르니 말이다.

---

1 뤄보는 '무'를 뜻한다.
2 샥스핀을 모방해서 만든 홍콩식 탕이다.

超Q豆腐
10元
5粒
顶级Q鱼蛋
10元
5粒

20세기로 떠나는
시간 여행

# 화위안 아파트와
# 올 세인츠 교회

---

**花园公寓, Park Apartment**
上海市黄浦区复兴中路455号

**诸圣堂, All Saints Church**
上海市黄浦区复兴中路425号
63850906

상하이의 아름다운 주택들에 비하면, 이 건물은 눈에 들어오지도 않을 것이다. 이 건물은 화려한 별장도 아니고 잘 꾸며진 잔디밭이 있는 저택도 아니기 때문이다. 평범해 보이는 이곳은 1920년대 말에 지어진 화위안 아파트이다.

화위안 아파트는 유럽식 절충주의 양식으로 지어진 5층 건물이다. 건물 바깥쪽에는 검은색 철제 울타리가 둘러져 있고, 건물의 둥그런 아치 장식 아래에는 허름한 상점이 있는 듯 없는 듯 조용하게 장사하고 있다. 고개를 들어 건물 위쪽을 바라보면 거대한 벽기둥이 건물 위아래를 관통하고 있는 것이 보인다. 이 벽기둥은 1층 상점 윗부분까지만 닿아 있을 뿐, 땅바닥까지는 내려오지 않는다. 이런 형태의 벽기둥이 건물 사방에 심플하면서도 고풍스럽게 장식되어 있다.

아파트 입구에 있는 두 개의 넓은 문은 푸싱중루复兴中路를 향해 있다. 문을 통해 안쪽을 바라보면 아파트의 정원이 살짝 보인다. 지나가던 행인도 그 모습을 보더니 이렇게 외쳤다.

"이름처럼 아파트 안에 진짜 정원이 있구나."

화위안 아파트는 주변의 다른 건물과 함께 어우러져 사합원四合院[1]처럼 ㅁ자를 이루고 있다. 그리고 건물들로 둘러싸인 가운데 공간은 정원으로 꾸며졌다. 정원에 심어진 나무들은 품종도 다양하다. 가을이면 단풍이 붉게 물들고, 여름이면 풀들이 무성하게 자라나는 등 계절마다 예쁜 꽃들이 피어나 아파트에 아름다운 정취를 더한다.

해 질 무렵이 되자 어르신 한 분이 아파트에서 천천히 걸어 나오는 모습이 보였다. 석양에 비친 그의 그림자가 둥그런 나무 창틀과 정교한 문양의 철제 난간 위에 드리워졌다. 건물 벽면을 바라보니 창문 양쪽으로 고풍스러워 보이는 벽기둥 장식이 눈에 띄었다. 그리고 발코니에 설치한 빨래 건조대 위에는 이불과 옷가지 몇 개가 널려 있었다. 마치 고건축 위에 새로운 현대 건축이 지어진 듯한

모습이다.

　아파트 건물 안으로 들어서면 좁고 구불구불한 나선형 계단이 보인다. 전등을 켜지 않으면 조금 어두울 듯하지만, 낮에는 계단에 있는 창문을 통해 빛이 들어와 괜찮다. 건물 안으로 들어온 햇빛은 철제 난간에 장식된 문양을 비춰 화강암 계단 위에 예쁜 그림자를 만든다. 그리고 계단 나무 손잡이 아래에 달린 철제 난간은 빛을 받아 반짝반짝 빛난다.

　내가 화위안 아파트를 찾았을 때, 건물 안이 너무 조용해서 적막감마저 감돌았다. 옷을 걷기 위해 왔다 갔다 하는 어르신 한 분이 있을 뿐이었는데, 그분도 어느새 사라져 버리고 아무도 보이지 않았다. 사라진 그 어르신처럼 이 건물도 예전에 어떤 용도로 사용되었는지 흔적을 찾을 수 없었다. 다만 프랑스 조계지에 있는 화이트칼라들의 거주지로 쓰였을 것으로 추측할 뿐이다. 그리고 그중 적지 않은 사람이 기독교인이었을 것으로 짐작된다. 왜냐하면, 근처에 올 세인츠 교회가 있기 때문이다.

단수이루淡水路 교차로에는 붉은 벽돌로 지어진 첨탑식 건축이 있는데, 이곳이 바로 올 세인트 교회이다. 1925년에 지어진 이 건물은 17세기의 양식을 반영한 고품격 교회이다. 올 세인츠 교회는 화위안 아파트와 같은 시대에 지어졌다. 따라서 1920년대에 프랑스 조계지 안에는 이미 기독교 사회가 형성되었다는 것을 추측할 수 있다.

이 교회는 문화혁명 시기에 훼손을 당하기도 했지만, 지금은 완전히 복원되어 예전 모습을 되찾았다. 내가 이곳을 방문한 날은 마침 일요일이었다. 교회 관리인은 우리를 예배 보러 온 신도로 착각하였는지 교회 안으로 그냥 들여보내 주었다. 그 덕분에 차분한 성경 구절 낭송 소리를 들으며 고풍스러우면서도 세련된 건축물을 자세히 살펴볼 수 있었다.

---

*1* 중국의 전통 건축양식으로 동서남북이 방으로 둘러싸여 있고, 중앙에는 네모난 정원이 있다.

과일 향이 나는
커피

# **Original** Coffee

---

上海市黄浦区马当路274号
53833180

마당루<sup>马当路</sup>에는 사람들이 무심코 지나가는 작은 카페가 하나 있다. 오후가 되면 햇살이 오동나무 사이를 비집고 가게 안으로 들어올 뿐, 관심을 두는 사람은 드물다. 더군다나 길 맞은편에는 화려한 신톈디<sup>新天地</sup>가 있어 조금은 초라해 보이기까지 하다. 하지만 '커피 맛만 좋으면 후미진 골목에 자리 잡고 있어도 전혀 두렵지 않다'라는 말처럼 이곳은 커피 마니아들에게 큰 사랑을 받고 있다.

타이완에서 온 카페의 젊은 주인은 자신이 직접 로스팅한 커피 원두에 고소한 우유와 신선한 과일을 넣어 독특한 과일 향이 나는 커피를 만들었다. 그중에서도 가장 인기가 많은 것은 귤껍질을 넣어 만든 라떼인데, 주변 직장인들이 많이 주문한다. 살짝 맛을 보니 진한 라떼 속에서 상큼한 귤 향이 감돌아 색다른 느낌이었다. 맛도 무척 부드러워 사람들에게 신선한 반향을 불러일으켰다. 한 직장인 여성은 입에 침이 마르도록 귤피 라떼에 대한 칭찬을 늘어놓았다. 심지어 그녀는 커피를 담아주는 종이컵까지 마음에 든다고 했다. 커피 뚜껑에 꽂아주는 스틱이 하트 모양으로 생겨 예뻐 보이기 때문이다.

사람들은 이 거리에 올 때마다 이곳에 꼭 들러 커피를 마시고 간다. 직장인 여성들은 과일 향이 나는 커피나 차를 즐겨 마시고, 근처에 사는 외국인들은 에스프레소를 선호한다. 카페 앞에는 마당루에서 보기 힘든 야외 테이블 2개가 있지만, 손님이 가장 붐비는 정오 무렵이 되면 이 테이블은 무용지물이 되어 버린다.

이 카페는 개업한 지 꽤 오래되었고 이곳의 주인은 커피만큼이나 인기있다. 주변을 지나다니는 사람들은 그에게 인사를 건네기도 하고, 안으로 들어와 한참 동안 수다를 떨다 가기도 한다. 아무튼 이 카페 덕분에 오동나무가 가득한 이 거리에는 커피 향과 함께 편안하면서도 자유분방한 분위기가 널리 퍼져 나가고 있다.

# 루쉰 공원

鲁迅公园

홍커우는 빠르지도 느리지도 않게 발전해 왔고
그 덕분에 여전히 서민들의 정취가 남아 있다.

北外滩

# 베이와이탄

## 추억 속에서 탄생하는
## 새로운 삶

훙커우虹口는 과거에 상하이의 부동산 투자가들이 마지막까지 눈독 들이던 곳이다. 이곳은 허름한 중국인 거주지역, 영국과 미국의 공동 조계지, 프랑스 조계지의 중간에 자리 잡고 있어 서양의 문화와 상하이의 전통적인 분위기가 함께 공존하고 있다.

5.4운동[1] 시기에는 임대료가 저렴한 탓에 수많은 문화계 인사가 이곳으로 몰려들었다. 중국 문학가 루쉰魯迅부터 중국 좌익 작가 연맹까지 줄줄이 이곳으로 보금자리를 옮겼다. 리양루溧阳路에는 문학가 궈모뤄郭沫若, 하이룬루海伦路에는 시인 선인모沈尹默까지 들어와 살았다. 그러자 사람들이 더는 이 훙커우를 낙후된 곳이라고 얕잡아 보지 않았다.

이 거리에는 유명인사와 관련된 곳이 많다. 길을 걷다가 잠시 들른 은행 건물이 루쉰이 단골로 다니던 서점일 수도 있다. 그 근처에 있는 카페는 1900년대에 루쉰과 그의 친구 우치야마 칸조우內山完造[2]가 함께 차를 마시던 곳일 수도 있다. 골목 깊숙한 곳에 자리 잡고 있는 정원주택이나 굳게 닫혀 있는 스쿠먼石库门은 예전에 유명인사가 살았던 곳인지도 모른다. 하지만 표지판을 발견하지 못한다면 그곳의 고풍스러운 멋을 느끼지 못하고 그냥 지나쳐 버릴 수도 있다.

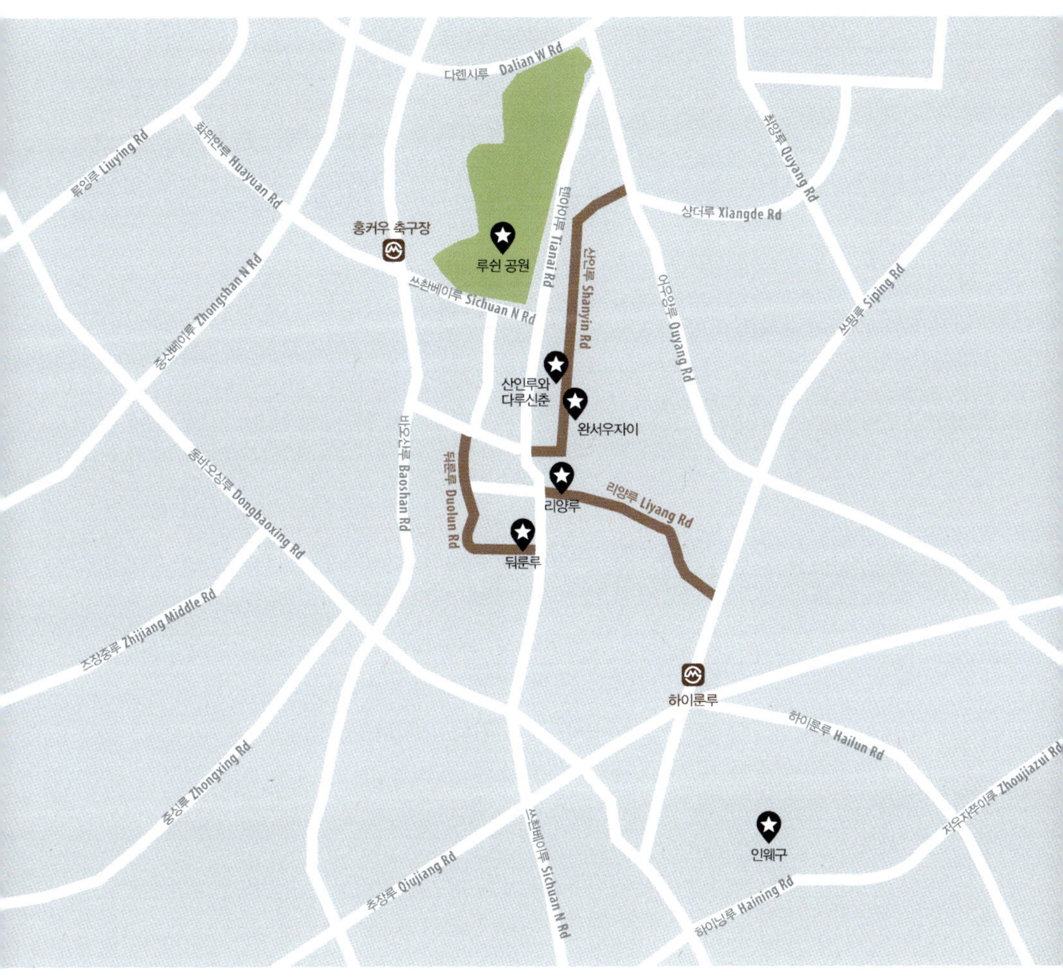


▶ 루쉰 공원 → 산인루와 다루신춘 → 완서우자이 → 리양루 → 뒤룬루 → 인웨구 ◐

이후 둬룬루多倫路에 문화의 거리가 생겼지만, 그곳에서 번성했던 과거의 모습을 떠올리는 것은 역부족이었다. 다만 같은 자리를 지키고 있는 건물들을 보면서 옛 추억을 떠올릴 뿐이었다.

그러던 어느 날, 이 낡고 오래된 지역도 새롭게 발전할 기회를 맞았다. 오랫동안 먼지 속에 묻혀 있던 낡은 공장 건물이 모습을 드러내면서 순식간에 상하이의 핫스폿이 된 것이다. 이후 벌떼처럼 몰려든 관광객들 덕분에 주변의 낡은 집들은 새로운 활력을 되찾게 되었다. 그뿐만 아니라 수많은 창업자가 이곳으로 몰려들어 길가에는 카페가 우후죽순처럼 들어서기 시작했다. 그리고 거리의 아름다운 풍경을 앵글에 담기 위해 카메라를 들고 낡은 스쿠먼을 찾는 젊은이들이 점점 많아졌다. 덕분에 여러 방면으로 발전방안을 모색하던 둬룬루는 새로운 핫플레이스로 주목받게 되었다.

이곳의 스쿠먼에는 아직도 연세가 지긋한 어르신들이 살고 있다. 그들은 예전처럼 매일 같이 거리에 나와 바람을 쐬며 이웃과 수다를 떨기도 한다. 하지만 그들 옆을 지나는 사람들이 달라졌다. 주변에 카페나 상점, 촹이위안创意园이 들어서 거리의 모습도 완전히 달라졌다. 그렇게 이곳의 낡은 집들은 새로운 환경 속에서 또 한 번의 삶을 살게 되었다.

---

1 1919년 5월 4일 중국 베이징의 학생들이 일으킨 항일운동이자 반제국주의, 반봉건주의 혁명운동이다.
2 일본의 중일우호 운동가로 상하이에서 네이산 서점内山书店을 운영했다.

공원에서 다시 만난
문학계의 거장 루쉰

# **루쉰** 공원

鲁迅公园
上海市虹口区四川北路2288号

상하이 북부에 있는 루쉰 공원은 예전에 아이들이 뛰어놀기 위해 즐겨 찾았던 상하이 최대의 녹지 구역이다.

"그때는 훙커우 공원虹口公园이라고 불렀어요. 자주 가지는 못했지만, 갈 때마다 정말 재미있게 놀았던 기억이 나요."

자신을 80허우后 세대의 한 남성이라고 소개한 왕커王科는 너무 오래된 일이라 구체적으로 무엇을 하고 놀았는지는 기억하지 못했지만, 즐거웠던 마음만은 여전히 간직하고 있었다.

오랜 세월이 흘러도 루쉰 공원은 여전히 시민들의 여가생활을 위한 공간으로 사용되고 있다. 이곳에 오면 백여 명의 사람이 동시에 춤을 추는 신기한 장면도 볼 수 있다. 사람들은 이런 광장무广场舞 뿐만 아니라 사교댄스도 많이 즐긴다. 이른 아침이면 공원 광장에는 강렬한 리듬의 '차차차'가 카세트플레이어의 스피커를 통해 흘러나온다. 그러면 사람들은 음악에 맞춰 일제히 율동을 시작한다. 그중에는 실력이 뛰어난 사람도 몇몇 있다. 하지만 사람이 많이 몰리면 항상 문제가 발생하기 마련이다. 한때 이곳의 자리싸움이 사회적 이슈가 되어 뉴스에 종종 오르기도 했다.

공원을 찾는 관광객들은 주로 루쉰魯迅의 묘를 먼저 둘러본 다음 루쉰 기념관으로 발길을 돌린다. 훙커우 공원이라고 불리던 이곳은 1928년부터 대중에게 개방되었다. 당시 이곳은 가장 큰 공원이자 시민들의 여가를 위한 중요한 공간이었다. 근처에 살고 있던 루쉰도 이곳을 찾아 산책을 즐겼다고 한다. 루쉰이 세상을 떠난 후 루쉰의 이름을 따서 공원의 이름을 바꾸자고 누군가가 제안했지만, 그 의견은 줄곧 받아들여지지 않았다. 그러다가 1988년에 이르러서야 정식으로 '루쉰 공원'이라고 명칭을 바꾸게 되었다. 루쉰의 묘가 공원에 안치된 지 32년이 흐른 후였다.

루쉰의 묘는 공원 중앙에 자리 잡고 있다. 루쉰 서거 20주년 때 만국공묘万国公墓에서 이곳으로 이장한 것이다. 묘 터는 깔끔하고 산뜻하게 단장되어 있다. 울창한 관목 덤불이 장방형의 묘를 둘러싸고, 그 안에는 초록빛 벨벳 같은 잔디가 깔려 있다. 그리고 주변에는 하늘 높이 자라난 화양목이 빽빽하게 심겨 있다. 이곳에서 가장 눈에 띄는 것은 묘지 중앙에 세워진 루쉰의 좌상坐像이다. 책을 끼고 등나무 의자에 앉아 있는 모습인데, 눈빛은 약간 초조하면서도 피곤해 보인다. 그리고 루쉰의 몸은 좌상 뒤쪽에 있는 문병門屛[1] 형태의 묘비 아래에 모셔졌다.

공원 동남쪽에는 루쉰 기념관이 있는데, 이 기념관은 루쉰의 삶과 사상을 이해할 수 있는 좋은 장소이다. 이곳에는 루쉰의 유물과 사진 자료뿐만 아니라 신중국의 유명인사들에 관한 자료도 전시되어 있다. 이곳에 오면 과학기술을 이용한 음성과 영상 자료를 통해 참신한 방식으로 기념관을 체험해 볼 수 있다.

---

*1* 밖에서 집안을 들여다보지 못하도록 대문이나 중문 안쪽에 세워둔 가림벽을 뜻한다.

루쉰이
사랑한 거리

# 산인루와 다루신춘

山阴路
大陆新村
上海市虹口区鲁迅故居山阴路132弄8号

상하이 북쪽에 있는 산인루는 꽤 멋스럽고 화려한 거리이다. 오동나무 아래에 있는 별장은 새로 지은 것처럼 깔끔하고, 주변에 줄지어 들어선 주택에도 대부분 작은 정원이 딸려 있어 운치있다. 건물에는 정교한 장식들이 잘 보존되어 있어 한번쯤 구경할 만하다. 시끄러운 차량 소음도 들리지 않아 언뜻 보면 프랑스 조계지의 분위기가 느껴질 것이다.

이곳에 있는 건물 중 큰 정원이 딸린 주택에는 신중국이 설립된 이후 퇴직한 원로 간부들이 살았다고 한다. 이런 주택의 정원에는 각종 나무가 심겨 있는데, 주로 감나무와 비파나무 같은 과일나무가 많다. 여름에서 가을로 넘어갈 무렵이면 과일이 주렁주렁 달린 나뭇가지가 담장 밖까지 뻗어 나온다. 그럴 때면 장난꾸러기 아이들이 담벼락에 기어올라 몰래 과일을 따기도 했다.

"어렸을 때는 같은 반 친구들이랑 이곳에 와서 몰래 과일을 따며 놀았어요. 재미있기는 해도 언제 들킬지 몰라 항상 도망갈 준비를 하고 있었죠."

인근 중·고등학교에 다니는 한 학생이 키득거리며 산인루에 얽힌 과거 에피소드를 들려주었다. 성이 석石 씨인 그 학생은 이곳이 아주 익숙한 듯했다. 어릴 때 매년 여름이면 이곳에 와서 과일이 다 익었는지 살펴보곤 했다니 그럴 만도 하다.

售票处
Ticket Office
VAVE
RED ARC STUDIO
6

　　"루쉰鲁迅 고택도 이곳에 있어요. 그분이 과일을 몰래 따가는 아이들의 모습을 자신의 글에 담아 비난했는지도 모르겠네요."

　　이 거리에 있는 다루신춘大陆新村은 루쉰이 생애의 마지막 3년을 보낸 곳이라 그에 관한 수많은 이야깃거리가 구석구석 묻어 있다. 다루신춘의 좁은 골목길 가장 안쪽에 자리 잡은 루신 고택은 사람들의 눈에 잘 띄지 않는다. 게다가 집도 낡아서 무척 볼품없어 보인다. 루쉰이 살았던 다루신춘은 1930년대에 조성된 신식 골목주택新式里弄[1]으로 소박한 이 주택 안에는 작은 안마당도 있다. 조금 더 늦은 시기에 지어진 별장과 비교하면 초라하기 그지없지만, 루쉰의 영혼이 깃들어

있어서인지 이곳은 늘 밝게 빛이 나는 듯하다.

근처에는 루쉰의 친구인 우치야마 칸조우内山完造가 살았고, 더 가까운 곳에는 작가 마오둔茅盾의 집이 있다. 그리고 작가 겸 정치가 취추바이瞿秋白는 루쉰의 길 건너편에 살았다. 지금도 루쉰 고택에는 취추바이가 선물한 탁자가 있다.

여름이 되면 이 거리는 온통 오동나무 잎들로 뒤덮인다. 이곳은 큰길이 아니어서 버스도 지나다니지 않는다. 교통이 조금 불편하기는 하지만, 덕분에 소음이나 매연이 발생하지 않아 주변 환경이 쾌적하다. 주변에 고층빌딩도 없어 담장 너머로 초록빛 나무들이 보일 뿐이다. 이런 평온한 주변 환경 때문인지 길거리를 지나다니는 사람들에게서도 조급한 모습을 전혀 찾아볼 수 없다.

거리에 듬성듬성 보이는 상점은 대다수가 오래된 점포들이었다. 문을 연 지 수십 년이 되었지만, 여전히 이 거리에서 장사하고 있다. 이곳에 오면 오래된 점포뿐만 아니라 정원주택, 신식 골목주택, 스쿠먼石库门, 오래된 아파트들이 줄지어 있어 볼거리가 많을 것이다. 그리고 가끔은 거리에서 부들부채를 들고 있는 할아버지가 한가롭게 차를 마시며 신문을 보고 있는 모습도 발견할 수 있다.

늘 바쁘게 움직이는 쓰촨베이루四川北路에서 고즈넉한 산인루로 접어들면 일순간에 다른 세상으로 빨려 들어갈 것이다. 마치 누군가가 시곗바늘을 거꾸로 돌린 것처럼 말이다.

---

1  스쿠먼을 개량한 주택 형태로 중상류 계층이 많이 거주한다.

서민 먹거리의 매력을
느낄 수 있는 곳

# **완서우**자이

万寿斋
上海市虹口区山阴路123号
13818065119

산인루山阴路에 있는 서민적인 점포 중에서 가장 유명한 곳 중 하나는 완서우자이이다. 수많은 여행 서적과 맛집 지도에 이곳이 소개되었기 때문이다. 상하이 사람들은 매일같이 오동나무 숲길을 지나 이 작고 복잡한 점포 안으로 비집고 들어온다. 그들이 이런 수고를 하는 이유는 이곳에서 파는 산셴훈툰三鲜馄饨과 샤오룽小笼을 맛보기 위해서이다.

완서우자이는 그리 크지 않다. 얼핏 보면 간판이 점포보다 더 큰 것 같기도 하다. 붉은 해서체로 커다랗게 '완서우자이'라고 쓰인 간판은 멀리서도 선명하게 보인다. 점포가 크지 않은 탓에 주문하는 곳도 한 사람이 간신히 설 수 있을 정도로 매우 비좁다. 그래서 손님이 많을 때는 빨리 주문을 해야 한다. 그런 다음에 재빨리 자리를 잡고 앉아 맛있는 음식이 나오기만을 기다리면 된다.

근처 루쉰 공원鲁迅公园에서 벚꽃 구경을 하고 온 커플 한 쌍은 산셴훈툰과 샤오룽을 주문하고는 자리에 앉아 둘만의 시간을 보내고 있었다. 그들은 나에게 이 두 가지 음식을 같이 먹으면 궁합이 잘 맞는다고 말해 주었다. 하지만 옆에 있던 류刘 씨 성의 한 어르신이 대화에 끼어들며 그렇지 않다고 했다.

"싼쓰 렁몐三丝冷面[1]이 값도 싸고 맛도 좋아요."

그리고 나서 그 어르신은 남은 국수를 맛있게 드셨다. 사실 사람들이 가장 많이 찾는 것은 역시 샤오룽이었다. 샤오룽을 한 입 살짝 깨물면 짙은 돼지고기 향이 뿜어져 나온다. 다시 한 번 천천히 맛을 음미해 보면 진한 육즙이 입안에 가득 차올라 훨씬 더 맛있다. 그리고 부드러운 돼지고기의 맛이 입안에서 감도는데, 그 뒷맛은 계속 남아 있다.

상하이 사람들에게 가장 익숙한 음식인 산셴훈툰도 맛있다. 자차이榨菜[2]와 말린 새우살, 돼지고기가 한데 어우러져 훈툰의 맛을 더욱 풍성하게 만든다. 게다가 아삭한 채소와 신선한 해산물이 맛을 더해 주어 먹을수록 더 맛있다. '빰을 맞아도 손에서 놓을 수 없다'라는 상하이 속담처럼 한번 먹으면 젓가락질을 멈출 수 없다.

이곳에서는 반조리 된 훈툰을 사갈 수도 있다. 이제는 집에서도 완서우자이의 훈툰을 맛볼 수 있게 된 것이다. 그뿐만 아니라 최근에는 훈툰의 조리법이 훨씬 더 다양해졌다. 훈툰을 살짝 식힌 후에 각종 재료를 첨가해서 먹거나 기름에 지져서 먹으면 색다른 훈툰을 느낄 수 있다. 작은 훈툰 하나로 새로운 요리의 세계를 열었다고 해도 과언이 아닐 것이다.

1 차게 식힌 면에 각종 고명과 소스를 넣고 비벼 먹는 국수이다.
2 갓의 일종인 개채芥菜 뿌리 말린 것에 고추와 향료 등을 넣어 만든 장아찌이다.

거리에 즐비한
명인들의 고택

# 리양루

———

**溧阳路**
上海市虹口区溧阳路


리양루는 참으로 신기한 곳이다. 거리가 두 구역으로 나누어져 있는 데다가 서로 연결되어 있지도 않다. 지금부터 소개할 곳은 쓰촨베이루四川北路에서 쓰핑루四平路로 이어지는 구간의 거리이다.

리양루는 한적하고 평온하다. 쓰촨베이루처럼 거리 곳곳이 상점들로 들어차 있지도 않고, 쓰핑루처럼 오가는 차들로 북적이지도 않는다. 거리 전체를 뒤덮고 있는 오동나무 아래에 군데군데 오래된 골목길과 낡은 창고 건물이 있을 뿐이다. 그중에서도 가장 사람들의 시선을 끄는 것은 붉은 지붕이 덮여 있는 48채의 정원주택이다.

리양루를 천천히 걷다 보면 오동나무의 초록빛과 잘 어울리는 붉은색 건물들이 보일 것이다. 그것은 리양루에 있는 마흔여덟 채의 정원주택으로 모두 같은 양식과 규격으로 지어졌다. 외관을 살펴보면 건물 외벽에는 푸른 벽돌 바탕에 붉은 벽돌로 아치형 문동門洞과 창틀을 장식했다. 붉은 기와가 덮인 경사면 지붕 위에는 아담한 지붕창이 설치되어 있다.

리양루에 있는 정원주택은 한 건물에 두 개의 문패를 걸 수 있는 구조이다. 다

시 말해 한 집에 두 가구가 살 수 있다는 뜻이다. 신중국이 설립된 이후 한 빌라 건물 안에 여러 가구가 살게 되었다. 그들은 더 많은 공간을 확보하기 위해 건물의 발코니를 막아서 별도의 공간을 마련하기도 했다. 그리고 가정부나 인부 등 고용한 사람들에게 제공하는 $30\,m^2$ 남짓한 다락방도 절반으로 나누어 사용했다.

현재는 그 수가 많이 줄고 건물도 몹시 낡았지만, 예전에는 이런 빌라 건물과 스쿠먼石库门에 수많은 유명인사가 살았다. 이후 리양루가 역사 보존 지역으로 지정되면서 도로의 한쪽 벽면은 '명인 기념벽'으로 꾸며졌다. 이렇게 리양루가 역사적인 장소로 잘 보존되어 있다 보니 몇 발자국만 움직여도 유명인의 고택을 바로 발견할 수 있다.

1269호는 시인 궈모뤄郭沫若의 고택인데, 중국의 여성 정치가 덩잉차오邓颖超는 이곳으로 자주 문화계 인사들을 초청하곤 했다. 그리고 진보적인 인사들은 이곳에서 혁명가이자 정치가인 주더朱德의 60번째 생일을 경축하기도 했다. 이 밖에도 1156눙弄 10호는 유명한 저널리스트 진중화金仲华의 고택이고, 1359호는 루쉰鲁迅의 책들을 보관한 곳이다. 1335눙 5호는 저널리스트 차오쥐런曹聚仁의 고택이기도 하다.

아쉽게도 현재 이 건물들에는 사람이 살고 있다. 심지어 여러 가구가 함께 살고 있기 때문에 안으로 들어가 살펴보긴 어렵다. 다만 문 앞에서 호기심 어린 눈빛으로 건물 외관만 살펴볼 수 있을 뿐이다. 그러다가 건물 안에서 사람이라도 나오면 목을 길게 빼고 안을 슬쩍 훔쳐보게 되어 더욱 애간장이 탈 수밖에 없다. 운이 없어 밖으로 나오는 사람을 하나도 못 마주쳤더라도 너무 실망하지는 말자. 길가에 있는 '명인 기념벽'을 보며 아쉬운 감정을 달랠 수 있을 것이다.

돌길 위의 오래된
문화 주택

## 둬룬루

———

多伦路
上海市虹口区多倫路

번화한 쓰촨베이루四川北路 뒤편에는 한적하고 조용한 둬룬루가 숨은 듯 자리하고 있다. 만약 이 거리에 상하이의 진한 문화가 배어 있지 않았다면, 개발을 근거로 일찍이 온갖 장비가 달려 들어 시끄러운 기계음을 내며 이곳을 초토화시켰을 것이다.

쓰촨베이루를 지나 둬룬루 입구에 다다르면 높이 솟아 있는 스쿠먼石库门 같은 패루가 보일 것이다. 패루 위에는 '하이상 구석 골목주택海上旧里', '둬룬루 문화명인가多伦路文化名人街'라는 글귀가 쓰여 있다. 이것만 봐도 이곳이 문화 명소라는 것을 알 수 있다. 거리에 들어서 있는 상점들은 문을 열고 장사하지만, 인적이 드물어서인지 분위기는 조용하다. 덕분에 차분한 마음으로 이곳의 아담한 상점들을 돌아다니며 옛 골목주택의 정취를 만끽할 수 있다.

둬룬루는 아마도 공동 조계지에 남은 마지막 번화가일 것이다. 자잘한 돌이 깔린 길 위에는 독특한 양식으로 정교하게 지은 건물과 주택이 들어서 있다. 발끝으로 돌길의 감촉을 느끼며 느긋한 마음으로 아름다운 건물을 감상해 보자. 그러면 모진 세월의 풍파를 겪은 건물들은 사실 아무것도 변한 게 없다는 사실을 알게 될 것이다. 쿵공관孔公馆의 아라비아풍 문양은 여전히 선명하고, 창문의 스테인드글라스 장식도 예전처럼 아름다운 빛을 발산한다. 연수원 건물의 스페인풍 첨탑도 여전히 빼어난 자태를 뽐내고 있다. 첨탑 때문에 오히려 주변의 신축 건물이 칙칙해 보이기까지 한다. 그리고 208호 건물의 출입문은 굳게 닫혀 있지만, 이오니아 양식으로 지은 건물 기둥의 고풍스러운 멋은 감출 수 없다.

융안리永安里에 있는 신식 골목주택新式里弄은 예쁜 곡선을 그리며 거리에 서 있다. 멀리서 바라보면 건물 외벽에 줄지어 설치된 반원형 차양이 마치 굽이치는 파도 같다. 그리고 중화예술대학中华艺术大学 학생 기숙사에 있는 아치형 회랑은 어제 막 준공한 것처럼 깔끔해 보인다. 여전히 그 자리를 지키고 서 있는 시스 종루夕拾钟楼[1]는 루쉰鲁迅에 관한 추억을 불러일으키고, 쉐공관薛公馆의 기둥 위에는 비둘기 떼가 자유롭게 날아 다닌다. 중국과 서양의 양식이 조화를 이루고 있는 훙더탕鸿德堂[2]에는 아직도 현대 선교사의 자취가 남아 있는 듯하다.

뒤룬루 뒤쪽에는 이제까지 한 번도 변화를 겪은 적이 없는 구식 골목주택旧里이 있다. 느긋하게 거리를 둘러보는 관광객이나 부지런하게 사진을 찍으러 다니는 사진작가를 제외하면 대부분의 사람은 근처에 사는 상하이 토박이들이다. 그래서 이곳에 오면 진정한 상하이 서민들의 생활상을 엿볼 수 있다. 잠옷을 입고 슬리퍼를 신은 채 쏜살같이 지나가는 아주머니, 손주를 데리고 나무 그늘에 앉아 더위를 식히고 있는 노부부, 발코니에서 즐겁게 얘기를 나누고 있는 주민 등 지금은 보기 힘든 정감 어린 풍경을 감상할 수 있다.

원래 이곳은 좌익 작가 연맹이 활동하던 곳이다. 조금만 더 걸어 들어가면 골목 안쪽에 숨겨진 좌익 작가 연맹 소재지가 보일 것이다. 그래서인지 이곳의 한적한 오솔길을 걷다 보면 5.4 운동 정신이나 중국 현대 문학의 정수가 떠오르는 듯하다. 이처럼 뒤룬루에 오면 자유로운 서민들의 생활뿐 아니라 문학적 정취마저 느낄 수 있다.

---

1  건물의 이름은 루쉰의 문집《자오화 시스朝花夕拾》에서 따온 것이다.
2  미국 장로교회의 지원으로 1928년에 준공된 교회이다. 미국인 전도사 조지 피치Geoge. F. Fitch 의 중국 이름 페치훙费启鸿을 따서 훙더탕이라고 부른다.

도축장의
재탄생

# 인웨구
## Music Vally

———

音乐谷
자싱루嘉兴路, 랴오닝루辽宁路, 사징루沙泾路 일대


'인웨구'라고 하면 조금 생소한 느낌이 들 것이다. 그도 그럴 것이 상하이 토박이들한테 물어보아도 십중팔구는 모르기 때문이다. 하지만 '1933 라오창팡老场坊'이라고 하면 들어본 적이 있을 것이다. 1933 라오창팡을 중심으로 주변의 낡은 공장 건물을 재건하면서 이 지역을 인웨구라고 통틀어 부르게 되었다.

인웨구라는 이름만 듣고서 음악과 관련된 곳이라고 생각할 수도 있겠지만, 막상 가면 음악적인 분위기는 그다지 느껴지지 않는다. 이곳에서 유일하게 음악과 관련된 곳은 자싱루嘉兴路에 있는 공연장뿐이다. 이곳은 중국 아이돌 그룹 'SNH48' 전용 공연장으로 각종 행사도 함께 진행한다. 하지만 관광객들이 인웨구에서 가장 많이 찾는 곳은 역시 독특한 분위기가 물씬 풍기는 1933 라오창팡이다.

이곳은 원래 도축장으로 사용하기 위해 1933년에 지은 건물로 공부국工部局에서 은銀 330만 냥을 들여서 이 건물을 지었다. 1933 라오창팡은 동아시아 전체에 고기를 공급할 수 있을 정도로 규모가 큰 도축장이었다. 당시 소, 양, 돼지 등의 가축이 배편을 통해 이곳으로 운송되었다. 가축들은 건물 내부에 설치된 구불구불한 복도를 지나 조계지에 사는 외국인 가정의 식탁 위에 오르게 되었다.

이곳의 건축양식은 독특하면서도 뛰어나다. 건물은 고대 로마 바실리카Basilica 양식을 참고해서 건설했다. 하지만 전체적인 건물 구조가 바깥쪽은 둥글고 안쪽은 네모난 형태로 되어 있는 것을 보니 중국의 '천원지방天圓地方' 사상과도 일치하는 듯하다.

이 정도 규모의 도축장이라면 전 세계에서도 몇 손가락 안에 들 정도이다. 건물의 미적 감각도 와이탄外滩 에 있는 그 어떤 건축과 비교해도 전혀 뒤지지 않는다. 그럼에도 불구하고 이곳은 오랫동안 누구의 관심도 받지 못해 사라질 위기에 처했었다. 근처에 사는 주朱 선생은 예전에도 이 앞을 종종 지나다니곤 했지만, 이렇게 아름다운 건물이 있었는지 미처 몰랐다고 했다.

"예전에는 이곳이 무슨 제약공장인 줄 알았어요. 온종일 분진이 날려서 바닥은 항상 잿빛이었거든요. 그랬던 곳이 이렇게 변할 줄은 꿈에도 몰랐네요!"

인웨구에 오면 근처에 있는 작은 카페나 찻집도 들릴 만하다. 주변 경치가 수려한 데다가 햇볕도 잘 들어서 편하게 쉬었다 갈 수 있기 때문이다. 그뿐만 아니라 1933 라오창팡보다 가격도 저렴하다. 게다가 주변에 일본식 스쿠먼石库门도 있어서 느긋하게 골목길을 둘러보기 좋다. 근처 자싱루嘉兴路 다리 위로 올라가면 루자쭈이陆家嘴의 3대 빌딩[1]과 스쿠먼, 공장 굴뚝을 한눈에 바라볼 수 있어서 더욱 환상적이다.

---

[1] 상하이 글로벌 금융센터上海环球金融中心, 상하이 타워上海中心, 진마오 빌딩金茂大厦이 이에 해당한다.

# 옌안둥루

延安东路

만약 이 도시의 고즈넉한 골목길이 얼마나 아름다운지,
오래된 잡화점이 얼마나 정감 가는지,
상하이 전통 음식이 얼마나 맛있는지 알고 싶다면
하루빨리 이곳으로 가야 한다. 지금 이 순간에도
이곳의 골목 풍경이 하나둘 사라지고 있으니 말이다.

文庙路

# 원먀오루

146
金家坊
福
飞 烟杂店
坊146号
统一發票
本店香烟都由烟
上海烟草集团黄浦烟草糖酒有限公司
卷烟销售网络单位
黄烟网-857

SUNTORY
SUNTO
SUNTORY.
SUNTORY
SUNTORY.
SUNTO
SUNTORY.
三得利啤酒
三得利啤酒
三得利啤酒
三得利啤酒
拉

# 마지막 고성古城

현재 황푸취黃浦区에 속해 있는 이 구역은 원래 난스南市의 경계 지역이었다. 난스는 상하이의 구시가지로 상하이의 시내와 외곽 지역을 모두 포함한 곳을 말한다. 낡고 허름한 집들이 즐비한 이곳은 지금의 상하이가 만들어지게 된 상하이셴上海县이 있던 곳이다. 따라서 이곳의 주택들은 상하이의 서민문화를 대표한다고 할 수 있다.

어떤 사람은 장아이링张爱玲의 책 속에 묘사된 주택이나 아파트가 있는 곳을 상하이 골목의 본 모습이라고 여길지도 모른다. 하지만 그것은 잘못된 생각이다. 조계지에 살았던 장아이링은 상하이의 대표적인 중산층 계급이기 때문이다. 당시 중산층은 정원주택이나 현대적인 아파트 건물에 살면서 스페인풍 지붕이나 영국의 컨트리풍 주택, 로마 양식의 기둥만 보고 다녔기 때문에 전통적인 서민주택은 제대로 보지 못했을 것이다.

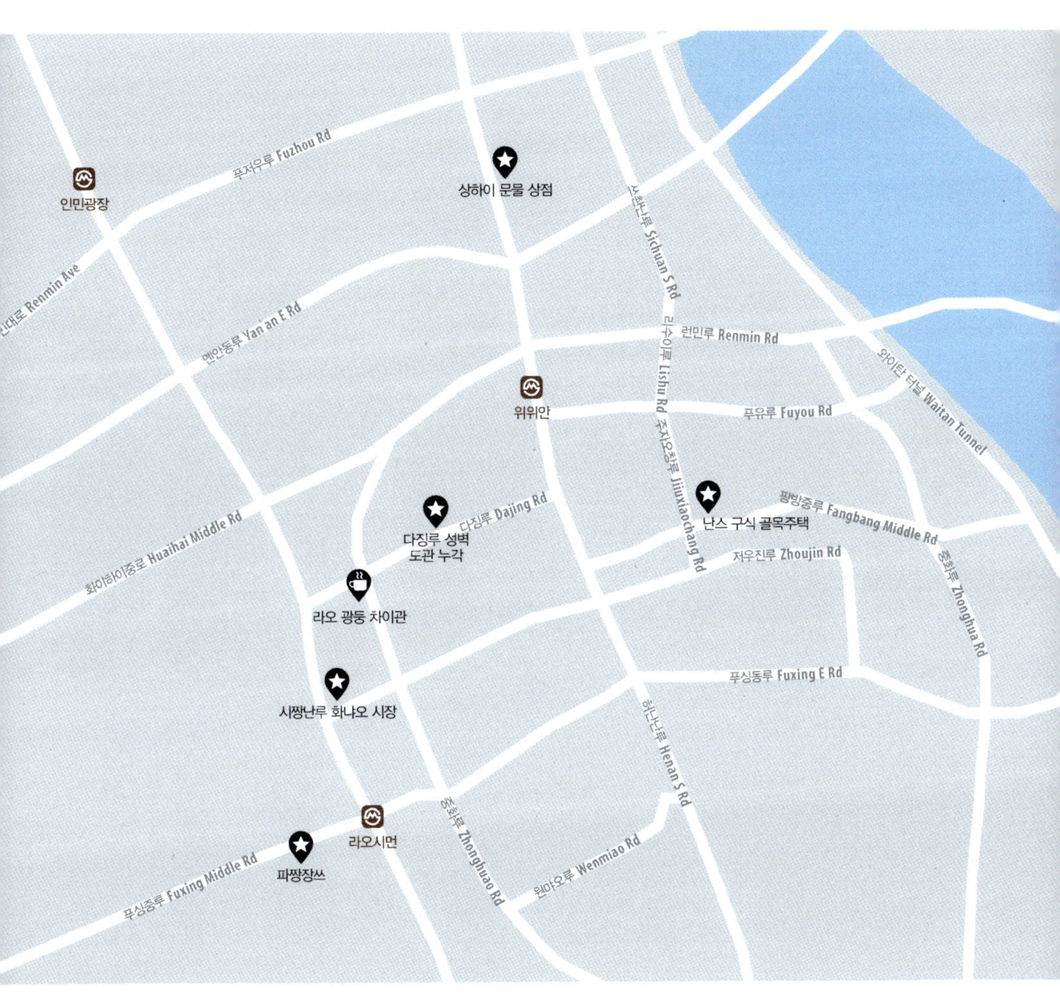


▶ 상하이 문물 상점 → 다징루 성벽 도관 누각 → 라오 광둥 차이관 →
난스 구식 골목주택 → 시짱난루 화냐오 시장 → 파짱장쓰 ◉

东段 孔家弄 西段

상하이의 전통적인 서민 주택골목은 대체로 구불구불하다. 여름이면 더위를 식히기 위해 남자들은 웃통을 벗고 다니고, 골목을 지나다니는 사람들은 편하게 슬리퍼를 끌고 다닌다. 그리고 골목 위에는 항상 만국기가 나부끼고 있다. 이처럼 다소 어수선하고 복잡해 보이는 골목이지만, 사람들의 정은 넘쳐흐른다. 그리고 골목에는 온갖 장사치가 몰려와 각양각색의 잡동사니를 팔기도 한다. 이곳에 오면 골동품을 사고팔거나 오래된 서점을 둘러볼 수도 있다. 혹은 파이구 넨가오排骨年糕[1]를 맛보거나 노점상에서 더우푸화豆腐花[2]로 간단하게 한 끼를 때울 수도 있다. 이것이야말로 상하이 골목에서 만끽할 수 있는 진정한 서민 생활이다.

만약에 이곳에 갈 생각이라면 서둘러야 한다. 왜냐하면, 이곳은 상하이에서 마지막으로 남은 미개발지역이기 때문이다. 사람들은 이곳의 낡은 단층집이나 지저분한 골목, 소란스럽기만 한 시가지가 도시 발전을 방해해 보존할 가치가 없다고 생각하는 것 같다. 그래서 최근 이곳의 철거가 진행되기 시작했다. 남쪽에서 북쪽까지, 즉 다징루大境路에서 푸싱루复兴路까지 이미 대부분 지역이 철거되고 말았다. 결국 이곳에 살고 있던 상하이 토박이들이 하나둘 떠나게 되면서 정겨운 골목 풍경도 점차 사라지고 있다.

---

1 상하이 전통 음식으로 반죽을 입혀서 튀긴 갈비와 떡에 소스를 뿌린 것이다.
2 순두부로 만든 중국 전통 먹거리이다.

상하이의 문화가
고스란히 느껴지는 상점

## 상하이
문물 상점

———
上海文物商店
上海市黄浦区广东路218-226号
63215868

하늘을 찌를 듯한 고층빌딩과 나지막한 단층집들이 뒤섞여 있는 광둥루广东路에는 독특한 상점이 하나 있다. 바로 골동품을 파는 '상하이 문물 상점'이다. 건물 자체는 굉장히 예술적이다. 길가를 따라 길쭉하게 지어진 건물 바깥쪽 면에는 예쁘게 장식된 기둥이 세워져 있고, 그 사이사이에는 통유리창이 끼워져 있다. 쇼윈도에 진열된 화병이나 서화書畵 등은 사람들의 시선을 사로잡는다.

문물 상점은 상하이에서 골동품을 전문적으로 판매하는 유일한 국영 상점이다. 이곳의 역사는 청대淸代 광서 연간1875~1908까지 거슬러 올라가는데, 그 전신은 바로 중국의 골동품 시장이다. 이곳은 아마도 과거 광둥루广东路의 골동품 거리에서 유일하게 남은 상점일지도 모른다.

세월이 흐름에 따라 광둥루는 점차 골동품 시장과는 다른 길을 걷게 되었다. 그나마 유일하게 보존된 것이 바로 이 문물 상점이다. 상점의 문을 열고 안으로 들어서면 과거 광둥루의 모습을 보여 주듯 문화적 색채가 짙은 신기한 유물이나 골동품들이 진열대 위에 차분하게 놓여 있다. 하지만 현실은 조금 다르다. 경비원은 양복을 쫙 빼입은 채로 서 있고, 판매원과 상점 주인은 수다를 떨거나 신문을 펼쳐 들고 읽고 있기 때문이다. 이런 모습을 보면 과거를 상상하고 있다가도 곧장 현실 세계로 되돌아오게 된다.

매장 안에서 과거 골동품 시장에서나 볼 수 있던 떠들썩한 모습은 전혀 찾아볼 수 없다. 상인과 구매자가 가격을 흥정하느라 치열하게 머리싸움을 하지도 않고, 바가지를 씌우거나 물건을 중간에서 가로채는 모습도 보이지 않는다. 그저 조용하고 느긋할 뿐이다. 이런 분위기 탓인지 물건이 가득 진열된 매장 내부는 마치 갤러리처럼 보인다. 서화 인장에서부터 청화자기 법랑珐琅, 그리고 옥으로 만든 가구까지 매장의 모든 벽면에는 골동품이 종류별로 잔뜩 진열되어 있다. 얼핏 보면 역사박물관과 미술관을 동시에 둘러보는 느낌이다.

　　물건을 사고파는 모습을 보지 못했다면
아마 이곳을 중국 고대 유물 전시장쯤으로
오해했을지도 모른다. 이곳에는 다양한 물건
이 갖춰져 있기 때문에 비싼 골동품은 구매
하지 못하더라도 작고 값싼 기념품 정도는
살 수 있을 것이다. 하지만 아무것도 사지 않
아도 좋다. 100년 전에 사람들이 찻밭에 와
서 아름다운 경치만 감상하고 돌아갔던 것처
럼 골동품을 구경하는 것만으로도 만족스러
울 테니 말이다.

中山东一路
19:00-22:30
除公交线路车外

상하이에 남은
유일한 옛 성벽

# 다징루 성벽
## 도관 누각

———

大境路城墙道观楼阁
上海市黄浦区大境路269号

다징루에 있는 성벽 도관 누각은 상하이에 남아 있는 옛 건축 중 하나이다. 건물 주변을 둘러싸고 있는 잔디밭을 지나 출입구 앞에서 걸음을 멈추면 '다징大境'이라는 글자가 새겨진 패루가 보인다. 패루에 음양각陰陽刻으로 새겨진 글자나 쓰러지지 않게 단단히 동여맨 낡은 기둥, 함축적인 의미가 담겨 있는 대련對聯[1], 길운을 상징하는 부조 장식들을 보면 시간을 거슬러 올라가 청대淸代 함풍 연간 1851~1861에 와 있는 듯한 느낌이다.

패루 옆에 있는 고풍스런 중국풍 담장 안쪽에는 성벽과 누각이 세워져 있다. 성벽은 상하이의 마지막 성벽 유물이고, 누각은 전대箭臺[2] 위에 세운 관제묘關帝廟, 관우 사당이다. 이 성벽과 관제묘의 역사는 놀랍게도 1553년까지 거슬러 올라간다. 당시 상하이는 왜구의 침략을 막기 위해 성벽을 쌓기 시작했고, 이와 동시에 현성縣城[3]의 개념이 등장했다.

원래 성벽에는 네 군데의 전대가 있는데, 다징은 그중 하나이다. 하지만 나중에 전대를 잘 사용하지 않게 되자 사당으로 개조해 버렸다. 지금 있는 관제묘도 다징의 전대를 개조한 것이다. 명대에 이 관제묘는 작은 누각에 불과했지만, 청대에 이르러서 계속 증축하다 보니 3층 높이의 웅장한 누각이 만들어지게 되었다. 하지만 그동안 사당과 성벽은 전쟁의 피해를 보기도 했다. 청대淸代 민간 비밀 결사 조직인 소도회小刀會가 반란을 일으켰는데 그때 소도회의 수령 류리촨刘丽川과 청나라 군대가 이곳에서 여러 차례 혈전을 벌이기도 했다.

1912년 중화민국 원년에 상하이를 이전하게 되었을 때, 성 전체를 둘러싸고 있는 성벽도 모두 철거했다. 하지만 관제묘는 상하이의 중요한 도교 사당이기 때문에 이곳에 있는 사당과 일부 성벽은 그대로 남겨 두었다. 덕분에 후손들은 일부이긴 하지만, 과거 상하이의 성벽을 볼 수 있게 되었다.

관제묘로 가려면 좁은 통로를 거쳐야 하는데, 이때도 허투루 지나쳐서는 안 된다. 통로 자체도 관심을 가져야 할 역사 유물이기 때문이다. 통로 양쪽에 있는 벽돌담을 유심히 살펴보면 잿빛 벽돌 위에 제작 연도가 새겨져 있다. 어떤 것에는 '상하이 성벽, 함풍 5년1855'이라고 쓰여 있고, 또 다른 어떤 것에는 '상하이 성벽, 동치 5년1866'이라고 쓰여 있다. 이것을 보면 상하이 성벽이 건설된 시기뿐만 아니라 언제 복원했는지도 알 수 있다. 현재 남아 있는 벽돌 중 가장 오래된 것은 함풍 5년의 것이다. 왜냐하면, 함풍 3년에 전투로 성벽이 파괴되었었기 때문이다.

조금 더 안쪽으로 들어가면 관제묘의 정전正殿이 나온다. 정전 중앙에는 관운장关公이 모셔져 있고, 그 양쪽에는 재물신과 월하노인月下老人이 있다. 이 사당은 상하이의 도교 사원으로서 의의가 있다고 할 수 있다. 사당 맞은편에 있는 옛 성벽에는 '신의천추信义千秋'라는 글귀가 새겨진 석편石匾이 걸려 있다. 성벽 위의 처마는 중국식 검정 기와로 덮여져 있다. 처마 위의 장식이 꽤 화려해서 중국의 전통 건축을 느낄 수 있다.

상하이에 유일하게 남은 이 50m 남짓한 옛 성벽은 상하이 사람들에게 아름다운 '대천승경大千胜境'[4]이나 다름없다. 그래서인지 고즈넉한 이 사당은 떠들썩한 상하이에 있는 곳 같지 않다. 이곳에는 여행 책자를 들고 오는 몇몇 외국인만 있을 뿐, 관광객이 그리 많지 않다. 오히려 주변에 있는 화냐오 시장花鸟市场에 더 많은 사람이 몰려든다. 사람들은 그곳에서 새를 구경하거나 잔디밭을 거닐며 휴식을 취한다. 그리고 어르신들은 두세 명씩 무리 지어 앉아 장기판을 벌이며 시간을 보내기도 한다. 이렇게 상하이가 격변하고 성장하는 동안 이 오래된 낡은 성벽은 사람들의 관심을 끌지 못한 채 잊혀지고 있다.

1 종이에 쓰거나 나무 기둥에 새긴 대구對句이다.
2 방어, 감시, 조망을 위해 높은 곳에 설치한 누각이다.
3 현縣이라는 행정 구역을 둘러싸고 있는 성城을 뜻한다.
4 청대淸代 강남江南, 강서江西 일대를 관장하던 총독 천환陈鋆이 다징루의 뛰어난 경치를 칭찬하며 '대천승경'이라는 네 글자를 동쪽 입구 석방石坊에 남겼다.

상하이 전통의 맛
'파이구 녠가오'

# 라오 광둥
차이관

———

老广东菜馆
上海市黄浦区人民路924号
63288474

서우닝루<sub>寿宁路</sub>는 가재 요리로 유명하다. 가재 철인 여름이 되면 서우닝루를 찾는 사람이 많아진다. 하지만 지금부터 소개할 것은 새빨갛고 껍질이 딱딱한 절지동물이 아니라 상하이 전통 먹거리인 파이구 녠가오<sub>排骨年糕</sub>이다.

왜 이 음식을 소개하는지 모르겠다고 생각하는 사람은 정오 무렵에 라오 광둥차이관에 가 보길 바란다. 점포 앞 가판대가 사람들로 붐비는 광경을 보면 바로 이해될 것이다. 물론 중국 전체를 통틀어 이곳의 가재 요리가 가장 유명하긴 하지만, 점심시간의 진정한 승자는 이곳에서 파는 파이구 녠가오이다.

한쪽 길모퉁이를 차지하고 있는 이 자그마한 점포 앞에는 줄이 길게 늘어서 있어 멀리서도 보인다. 점포 안에는 주방장이 기름 솥 안에 든 고깃덩어리를 이리저리 뒤집으며 열심히 튀기고 있다. 손님이 너무 많은 탓인지 물 한 모금 마실 틈도 없이 부지런히 움직인다. 점포 안에 앉을 자리도 없는지 연신 '포장만 돼요, 포장!'이라고 소리치고 있다. 손님들은 말 잘 듣는 아이처럼 잠자코 줄을 서 있다가 자신의 차례가 되면 파이구 녠가오를 담은 봉투를 받고 조용히 사라진다.

주변의 가재 요리 전문점은 이와는 반대로 매우 한산하다. 가재 가게들은 주로 저녁 장사를 하기 때문이어서 그런 것 같다. 가게 앞에는 한 대야씩 담긴 가재가 마치 손님을 기다리는 듯 놓여 있다.

다시 라오 광둥차이관 이야기를 하자면 사실 이곳은 광둥<sub>广东</sub>요리 전문점으로 파이구 녠가오 같은 상하이 먹거리는 점포 앞 가판대에서 한시적으로 판매하는 것이다. 2$m$도 채 되지 않는 가판대의 절반은 기름 솥이 차지하고 있다. 이 자그마한 가판대에서 아침에는 쯔판가오<sub>粢饭糕</sub>[1]를, 그리고 점심때는 파이구 녠가오를 팔고 있다.

"여기야, 여기! 간신히 찾았네."

이곳의 명성을 듣고 찾아온 왕<sub>王</sub> 선생은 가게를 찾아서 다행이라는 듯 들뜬 목소리로 말했다.

"TV에도 나온 적이 있는 곳이라 와 봤어요. 그런데 줄이 이렇게 길게 서 있을 줄은 몰랐네요!"

상하이 미식 프로그램에 나온 이후 정오 무렵이면 파이구 녠가오를 맛보려는 사람들로 가판대 앞은 문전성시를 이룬다. 이런 오랜 기다림도 결코 쓸데없는 짓은 아닌 듯하다. 금방 튀겨낸 따끈한 파이구 녠가오를 받아들면 짜증스러운 기분도 어느덧 눈 녹듯이 사라진다. 고기 크기는 손바닥보다 훨씬 커서 한 끼 요깃거리로 충분하다. 맛도 굉장히 좋은데, 고기를 튀기기 전에 밑간을 살짝 해두어서 더 맛있는 것이라고 주방장이 슬쩍 일러주었다. 이렇게 하면 고기의 겉은 바삭하고 속은 부드러워진다고 한다. 한입 베어 물면 고기에 입혀둔 반죽에서 달걀 맛이 느껴진다. 그리고 함께 곁들여 나온 떡도 알맞게 익어서 부드럽게 씹힌다. 씹을수록 장난江南 요리에서 맛볼 수 있는 쫄깃한 식감이 입안 가득 느껴진다. 게다가 달짝지근한 소스가 맛을 더욱 풍성하게 한다.

고급 레스토랑만 찾는 요즘 시대에 이런 전통 먹거리 점포는 점점 더 찾아보기 힘들어졌다. 이 때문에 이곳의 파이구 녠가오는 상하이 미식가들 사이에서 '상하이 전통의 맛'이라는 명성을 얻게 되었다.

---

*1* 상하이 사람들이 아침 식사대용으로 즐겨 먹는 것으로 기장쌀로 만든 주먹밥을 기름에 튀긴 음식이다.

마지막으로 남은
상하이 골목 풍경

# 난스 구식
## 골목주택

———

南市旧里
위위안豫园 바깥쪽 팡방중루方浜中路 일대

난스南市에 있는 구식 골목주택旧里은 상하이 사람들에게 절대 잊히지 않는 세월의 흔적이다. 상하이를 홍보하는 동영상을 보면, 주로 루자쭈이陆家嘴 고층 빌딩 틈바구니에서 벌어지는 변화무쌍한 도시 모습이나 와이탄外滩에 늘어서 있는 웅장한 건축물, 오동나무 아래에 운치 있게 지어진 단아한 주택, 네온사인이 번쩍이는 도시 밤 풍경이 대부분이다. 하지만 난스에는 낡고 어수선한 스쿠먼石库门 골목과 벽돌과 나무로 지어진 오래된 집들만 있을 뿐이다. 낡고 어수선해서 상하이 명물로 인정받기는 어려울지도 모른다.

특이하게도 이곳의 골목 이름에는 진자팡金家坊, 쉐자눙薛家弄, 윙자눙翁家弄, 쿵자눙孔家弄처럼 성씨가 붙어 있다. 상하이가 개항되기 이전 이곳은 현성县城의 변두리 지역이었는데, 이 때문에 지명에 성씨를 붙이는 농업 사회의 작명 습관이 남은 듯하다. 만약 골목 이름과 그 골목에 사는 사람의 성씨가 일치한다면 그 사람은 진정한 상하이 토박이일 것이다. 이 지역은 이미 시가지로 바뀌었기 때문에 이제는 시내에 사는 상하이 토박이라고 할 수 있다. 하지만 이들 중 대부분은 어쩔 수 없는 사정으로 인해 북쪽으로 이전할 수밖에 없었을 것이다. 현재 일부 골목의 집들은 텅 비어서 스쿠먼의 골조만이 집을 지키고 있을 뿐이다.

골목에 서서 하늘을 바라보니 비둘기 떼가 이 집 저 집을 자유롭게 날아다니고 있었다. 그렇게 골목 구석구석을 살펴보던 중에 목조 건물 틈바구니에 끼인 듯한 옌즈뎬烟纸店[1]을 발견했다. 이런 구멍가게는 수십 년 동안 변함없는 모습을 유지하고 있는 듯하다. 나무로 만들어진 창틀과 문, 조그맣게 만들어진 나무 창구, 가게 앞에 잔뜩 쌓아 놓은 맥주 박스는 옛 모습 그대로이다. 손님은 창구의 나무 창문을 살며시 밀면서 이렇게 말하곤 할 것이다.

"담배 한 갑 주세요."

예나 지금이나 이곳에서 가장 잘 팔리는 것은 담배이다. 예전에는 24시간 편

의점이 없었기 때문에 골목마다 이런 점포들이 비누부터 철물 잡화까지 다양한 물건을 갖춰 놓고 판매하였다. 그뿐만 아니라 전화를 빌려 쓸 수 있는 공중전화 노릇을 하기도 했다.

예전에는 이런 구멍가게 말고도 우산이나 구두를 수선하는 곳이나 가죽 제품을 파는 가게, 길거리 이발소가 자주 눈에 띄었지만, 이제는 거의 다 사라졌다. 이제 이곳에서만 간신히 그 모습을 찾아볼 수 있다.

"더우푸화豆腐花, 더우푸화."

지금도 이 골목에는 더우푸화를 파는 행상이 돌아다니고 있다.

"한 그릇 주세요."

더우푸화 장수를 불러 세우고 주문을 하면 참기름, 다진 파, 말린 새우 등을 잔뜩 얹은 맛있는 더우푸화를 즉석에서 먹을 수 있다. 한 그릇에 몇 위안밖에 하지 않는 이 더우푸화는 골목 제일의 먹거리라고 할 만하다.

"예전에는 아침마다 장사치들이 골목 안을 돌아다니며 다양한 먹거리를 팔았었지."

조금 전에 더우푸화를 주문한 할아버지는 값을 치른 후 연신 더우푸화를 퍼먹

으면서 옛 추억을 떠올렸다. 그는 이제 더우푸화 장사만 남아 사 먹을 간식이 이 것밖에 없다는 게 무척 아쉬운 듯했다. 더우푸화를 파는 아주머니는 이 골목에서만 십여 년간 장사했다며 이렇게 말했다.

"골목이 철거되면 장사도 그만둬야죠."

그녀는 요 몇 년 새에 돌아다니며 장사할 수 있는 곳이 많이 줄었다며 푸념을 늘어놓았다.

"저쪽 골목은 벌써 다 철거된 걸요."

그러면서 그녀는 이 골목도 몇 년 못 버틸 거라고 말했다. 골목이 사라지면 더우푸화 장사도 더는 못하게 될 거라는 그녀의 말 속에서는 서글픔이 묻어 있었다. 갑자기 어디선가 더우푸화 장사를 부르는 소리가 들리자 그녀는 묵묵히 손수레를 밀며 골목의 오후 햇살 속으로 사라져 버렸다. 그러자 골목 속으로 묘연히 사라져 버린 더우푸화 장사 아주머니처럼 이 골목의 풍경도 조만간 거센 역사의 소용돌이 속으로 사라져 버릴지도 모른다는 생각이 들었다.

1  과거에 골목에서 잡화를 팔던 작은 상점이다.

다시 경험하는
즐거운 어린 시절

시짱난루
## 화냐오 시장

西藏南路花鸟市场
上海市黄浦区西藏南路405号
63363530

번화하고 현대화된 시짱난루西藏南路의 도로변에 뜻밖에도 화냐오 시장花鸟市场 이
들어서 있다는 사실을 알게 되었다. 이곳에 오면 꽃이나 새, 물고기, 곤충을 구경
하며 즐거운 한때를 보낼 수 있다.

"아빠! 물고기, 물고기!"

난생처음으로 아빠와 함께 화냐오 시장 구경을 나온 듯한 5살짜리 꼬마 아이는 이곳에 있는 수많은 물고기를 보며 신난 듯 외쳤다. 아이와 아빠가 찾은 곳은 시짱난루에 있는 완상万商 화냐오 시장이었다. 시짱난루 동쪽에 있는 이 시장은 후이지루会稽路에서 팡방시루方浜西路로 영역을 점차 넓혀 나갔다. 이곳에는 시짱난루에 마지막으로 남아 있는 나지막한 단층집과 상하이에서 얼마 남지 않은 화냐오 시장이 자리 잡고 있다.

조금 전 꼬마 아이가 신기해하며 쳐다본 물고기는 빙산의 일각에 불과하다. 이곳에는 볼거리가 잔뜩 널려 있기 때문이다. 화냐오 시장 입구 쪽 길가에는 주로 물고기와 꽃을 파는 점포들이 들어서 있다. 그래서인지 사람들이 오가는 인

도 위에는 꼬리를 살랑거리며 헤엄치는 각종 물고기와 싱싱하게 피어 있는 꽃들
만 보인다.

　시장 입구로 들어서면 자신도 모르게 낮은 탄성을 지르게 될 것이다.

　"와, 이곳은 정말 꽃과 새들의 천국이구나!"

　나지막한 시장 천막 지붕 아래에는 수많은 점포가 옹기종기 모여 있다. 이곳
에 있는 꽃이나 새, 물고기, 곤충은 왠지 모르게 더욱 활기가 넘쳐 보인다. 여치
는 작은 우리 안에서 시끄럽게 울고, 한쪽 벽면을 가득 메운 우리 속에는 새와
곤충이 꿈틀거린다. 옆에 일렬로 쭉 늘어서 있는 새장 안에는 작은 새들이 푸드
덕거리며 날갯짓을 한다.

　내가 이곳을 방문했을 때, 마침 점포 주인이 한쪽 구석에 느긋하게 앉아 몸집
이 제법 큰 메추라기에게 모이를 주고 있었다. 이런 모습은 평소에는 보기 힘든
광경이라 신기했다. 활기가 넘치는 시장 안의 따뜻한 풍경은 콘크리트 건물로
채워진 차가운 도시 풍경과는 확연히 달랐다.

　이곳을 찾았을 때는 5월이었다. 한창 여치가 활개를 칠 무렵이라 시장 안 점
포마다 백 마리에 가까운 여치가 있었다. 80허우后 세대의 어릴 적 친구였던 이
작은 곤충은 예전과 달리 플라스틱 상자 안에 담겨 있었지만, 우는 소리만큼은
여전히 우렁찼다. 은퇴하고 소일거리를 찾던 장张 선생과 리李 선생은 여치를 사
서 기르기 위해 시장을 찾았다고 했다.

　"당신 하나, 나 하나. 딱 좋구려."

　알고 보니 두 마리를 사야 할인을 받을 수 있었다. 또 다른 곳에는 한 아버지
가 아이를 데리고 와서 어떤 것을 살지 신중하게 살펴보는 중이었다. 그러더니
그들은 결국 겨울 여치 한 마리를 골랐다. 그가 산 여치는 다른 것보다 좀 더 고
급스러운 우리 안에 들어 있었다.

“곤충을 기르는 것이 아이에게 어떤 영향을 끼칠지는 모르겠지만, 게임기를 가지고 노는 것보다는 훨씬 나을 거예요. 그리고 아이에게 아빠의 어릴 적 취미가 무엇인지 알려 주고 싶었어요.”

또 다른 곳에서 친구들과 함께 새를 구경하러 온 라오 우老붓를 만나게 되었다. 그들은 홀린 듯 깃털이 다 자라지 않은 작은 새가 들어 있는 새장 앞에서 걸음을 멈추었다. 새장 안에 있는 작은 새들은 주인아주머니가 젓가락으로 주는 모이를 먼저 먹으려고 경쟁을 벌이고 있었다.

“이건 무슨 새에요?”

“참새예요. 한 마리 사 가세요. 예쁘게 잘 클 거예요.”

“이걸 어떻게 키워요. 무슨 소용이 있다고…….”

“웬걸요. 잘 키우면 말도 잘 들어요.”

두 사람이 흥정하느라 격론을 벌이는 와중에 점점 더 많은 사람이 몰려들어 참새에게 먹이 주는 모습을 구경하기 시작했다. 하지만 결국 팔린 것은 커다란 구관조 두 마리였다.

“저번에 사려고 점 찍어둔 그 새장은요? 2천 위안 넘는다고 한 거 있잖아요.”

이미 여러 해 동안 새를 길러온 한 어르신은 예쁜 새장을 파는 곳으로 가서 발걸음을 멈추며 주인에게 물었다.

“벌써 팔렸어요. 전에 비싸서 안 산다고 하셨잖아요.”

사실 그 어르신은 얼마 안 되는 퇴직 연금으로 빠듯하게 생활하고 있는 처지라 천 위안이 넘는 새장을 사기에는 무리였다.

“별수 있나요. 좋아하는 건데……. 가끔은 큰마음 먹고 사기도 해요.”

이 시장에 오면 별난 구경거리가 참으로 많다. 그중에서도 심혈을 기울여 자신의 친구가 될 작은 생명을 고르는 모습이 가장 인상 깊다.

로마 양식으로 지어진
천태종 사원

## 파짱장쓰

法藏讲寺
上海市黄浦区吉安路271号
63287803

만약 상하이 여행 코스 중에 파짱장쓰가 있다면 분명 색다른 여행이 될 것이다. 중국에서 이런 유럽 스타일의 사원은 본 적이 없을 테니 말이다.

파짱장쓰는 푸싱루复兴路 뒤편에 있는 청정지역에 숨은 듯 자리 잡고 있다. 처음엔 밝은 노란색 벽면에 거무스레한 나무 그림자가 드리워진 모습이 보일 것이다. 특히 벽면에 있는 문과 창문은 모두 유럽 양식으로 꾸며져 있어 무척 독특하다. 일반적인 사원 건축과는 달리 이곳의 문미門楣[1], 기둥, 창문 처마 등은 모두 로마 양식으로 지어졌다. 더군다나 문기둥 위에 있는 '로마의 꽃'처럼 보이는 장식을 보면 마치 로마 교황청 앞에 와 있는 듯한 느낌이 든다.

사원 안으로 들어가 비좁은 샛길을 지나면 대웅보전大雄宝殿 바로 앞까지 들어갈 수 있다. 대웅보전은 중국식 탑의 모양으로 지어졌다. 고개를 들어 위를 바라보면 꼭대기 양쪽에 탑 모양의 건축물이 나란히 있는 것이 보인다. 대웅보전은 커다란 대기台基[2] 위에 있고, 대기 아래에는 설법을 들을 수 있는 강연장이 마련되어 있다.

이곳에 와서 설법을 들어보는 것도 이 천태종 사원을 즐기는 또 다른 방식일 것이다. 중화민국 초기에는 이곳의 설법 강연이 크게 유행하기도 했다. 사원 입구에 일 년 동안의 설법 일정을 공지해 두니, 불교 신자라면 사원을 구경하는 김에 설법을 듣는 것도 좋다. 사원 관리인의 말에 따르면 이 절의 큰스님이 무료로 강연을 해주고 있다고 한다.

대기에 있는 계단을 따라 위로 올라가면 대웅보전 안으로 들어갈 수 있다. 대웅보전의 중앙에는 석가모니 좌상이 있고, 양옆에는 그의 제자 아난다阿难陀와 마하가섭摩诃迦叶의 입상이 있다. 잠시 시선을 천장 쪽으로 옮기면 마치 눈앞에서 성대한 연회가 펼쳐진 느낌이 든다. 천장에는 화려한 유럽식 부조 장식이 가득하고, 석가모니 좌상 위에는 빙빙 맴도는 금룡이 장식되어 있어 매우 휘황찬

란하다. 그리고 고풍스러운 유럽식 샹들리에가 바람결에 살짝살짝 흔들린다. 이 불교 사당은 중국과 서양의 양식이 잘 어우러져 많은 사람의 감탄을 자아낸다.

사실 파창장쓰에 중국과 서양양식이 융합하게 된 이유에 관한 기록이 따로 없어 정확히 알기는 어렵다. 단지 사원이 지어질 당시 배경과 관련이 있을 거라고 추측만 할 뿐이다. 이 사원을 세운 법사는 유대계 상인 하둔Hardoon 아내의 초청으로 처음 상하이에 오게 되었다고 한다. 이로 인해 법사가 사원을 건립할 당시에 하둔의 도움을 받았을 것으로 예측할 수 있고, 그 와중에 건축 디자인에도 유럽인의 미적 감각이 어느 정도 반영된 것이라고 짐작할 수 있다.

아름다우면서도 신비로운 이 사원이 지금까지 잘 보존될 수 있었던 것은 부처님의 보살핌 덕분인 듯하다. 1960~70년대에는 잠시 공장으로 개조되기도 했다. 사연을 잘 아는 사람에 따르면 당시 사원이 심하게 훼손되어 지금의 사원은 거의 폐허 위에 다시 건설한 것이라고 해도 과언이 아니다. 그나마 아름다운 유럽식 건축 장식과 기둥 위의 대련이 완벽하게 보존되어 다행이다. 그리고 진귀한 불교 경전도 아직 남아 있다고 한다.

도대체 어떤 사람이 혼란 속에서도 자신을 희생하며 이것을 보존했는지는 모르겠지만, 지금 우리가 이렇듯 아름다운 광경을 볼 수 있게 해 준 것에 대해 무한한 감사를 전하고 싶다.

*1* 문 위에 가로로 댄 나무이다.
*2* 중국에서 건축 하부에 설치하는 대좌臺座를 말한다.

*Shanghai City*
**Weihai Rd · Julu Rd**

# 웨이하이루

威海路

난징시루에서 징안쓰에 이르는 거리는 상하이에서
가장 번화한 상업 지역이다. 하지만 차량과 인파로
넘쳐나는 곳에서 벗어나 구석진 거리나 허름한 골목 쪽으로
향한다면 소소한 볼거리가 당신을 기다리고 있을 것이다.

巨鹿路

쥐루루

85
南京西路一○二五弄

화려한 도시의
뒷모습

시곗바늘을 거꾸로 돌려 신중국 설립 이전으로 돌아간다면 상하이가 빠르게 발전하기 시작할 무렵일 것이다. 당시 이곳은 징안쓰루静安寺路 라고 불렸었다. 하지만 조계지의 상업 발전에 따라 이곳에도 새로운 형태의 주택 지역이 형성되기 시작했다. 장자 화원张家花园, 징안 빌라静安别墅, 창더 아파트常德公寓 등 전통적인 스쿠먼石库门에서 현대적인 아파트까지 모두 들어서 상하이 신중산층과 상류층 사람들이 이곳으로 몰려들었다. 이와 함께 상하이 문예계 인사들과 관련된 다양한 에피소드도 전해져 내려왔다. 유명인사들이 이곳에 머물거나 스쳐 가면서 많은 이야깃거리를 남겼기 때문이다.

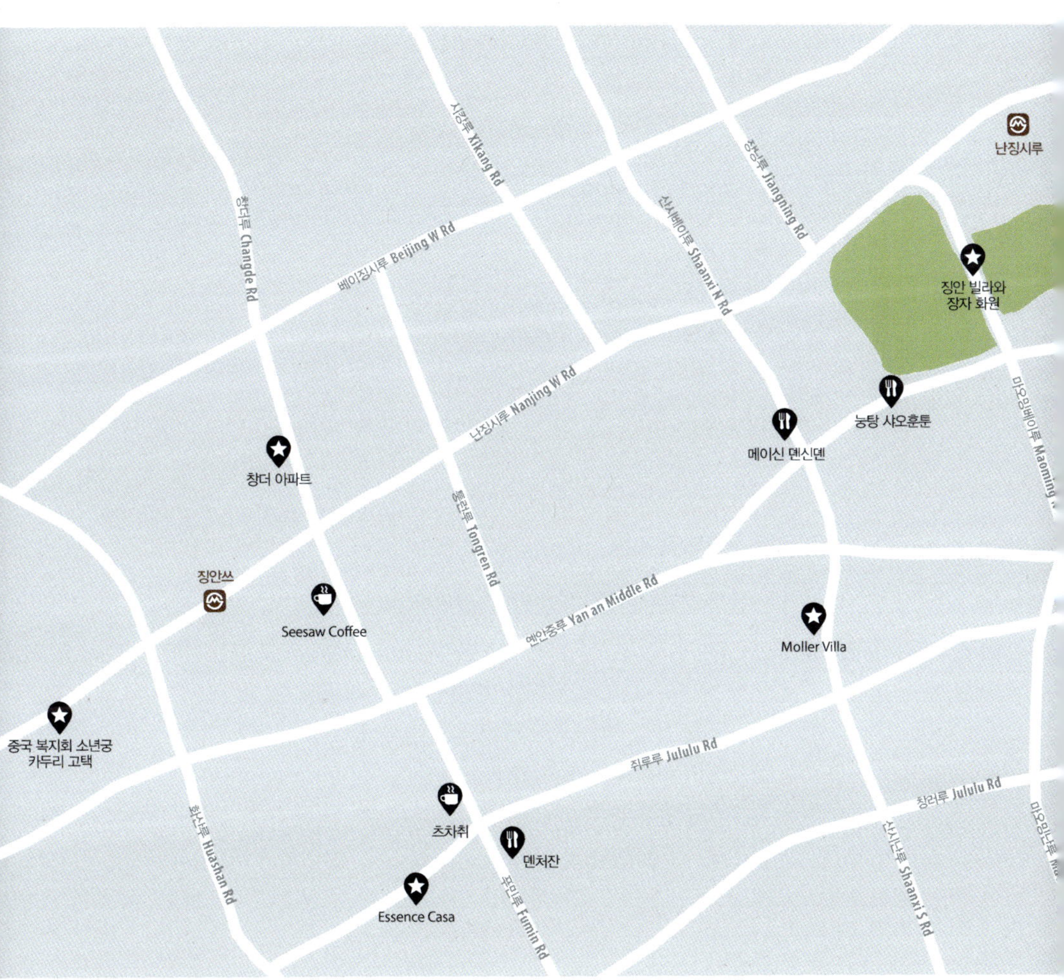


▶ 징안 빌라와 장자 화원 → 눙탕 샤오훈툰 → 메이신 뎬신뎬 → Moller Villa → 창더 아파트 → Seesaw Coffee → 중국 복지회 소년궁 카두리 고택 → 츠차취 → 뎬처잔 → **Essence Casa** ○

당시 유대계 상인들도 일반 민가가 있는 곳을 제외한 나머지 지역에 자신들의 호화 주택을 짓기 시작했다. 환상적인 Moller Villa에서부터 유럽 궁전 같은 카두리 고택까지 화려한 주택을 건설하여 상하이 개척자로서의 성공을 과시하였다. 그래서 지금도 그 앞을 지날 때면 모진 세월의 풍파 속에서 옛 모습을 그대로 유지하고 있는 건축물의 모습에 절로 감탄하곤 한다.

화려한 번화가 뒤편에서 전통적인 먹거리도 찾아볼 수 있다. 지난 100년 동안 탕위안汤圆[1]을 팔아온 점포나 30년간 훈툰馄饨을 만들어 온 점포가 불과 몇 미터도 떨어져 있지 않아 함께 시대를 초월하며 전통 상하이의 맛을 지켜 온 듯하다. 요즘 상하이 젊은이들은 이러한 전통의 맛과 멋을 찾아 '쥐푸창巨富长'[2] 거리를 쏘다니곤 한다. 이렇게 다니다 보면 아름다운 오동나무 그늘에 숨어 있는 독특한 분위기의 상점을 발견할 수도 있기 때문이다.

---

*1* 음력 1월 15일 원소절元宵节에 먹는 음식이다. 찹쌀가루 경단 안에 팥 등의 소가 들어 있는 요리이다.
*2* 쥐루루巨鹿路, 푸민루富民路, 창러루长乐路를 합쳐서 부르는 말이다.

난징시루에
마지막으로 남은
상하이 옛 골목

# 징안 빌라와 장자 화원

—

**静安别墅**
上海市静安区南京西路1025弄1-198号

**张家花园**
上海市静安区吴江路1弄

난징시루南京西路의 한 오래된 골목에는 징안 빌라와 장자 화원이 자리하고 있다. 이 두 곳은 한 블록 간격으로 있어 매우 가깝다. 난징루南京路 일대가 점점 발전함에 따라 이런 곳은 점점 찾아보기 힘들어졌다. 최근에는 많은 사람이 소문을 듣고 이 두 골목을 찾고 있다.

두 곳 모두 전형적인 상하이의 주택골목이지만, 그 양식이 서로 다르다. 그중에서도 장자 화원은 다채로운 양식을 드러내고 있다. 이곳은 중국과 서양의 양식이 융합된 대형 숲이라고 할 수 있다. 들리는 말에 의하면 이 작은 골목 안에는 수십 종의 건축양식이 담겨 있다고 한다. 원래 장자 화원은 지금보다 훨씬 더 컸다. 장자 화원은 청대清代 광서 연간1875~1908부터 줄곧 대중에게 개방되어 유원지로 사용되었다. 중국 상인 장張 씨가 중국과 서양 양식을 융합해서 건물을 지었던 기간을 제외하고는 줄곧 서양인이 투자에 참여했기 때문에 화원을 확장하는 동안에는 새로운 건축양식이 계속해서 추가되었다.

골목 안으로 발을 들이는 순간, 다양한 건축양식의 특색을 한눈에 감상할 수 있다. 우뚝 솟아 있는 人자 모양의 붉은 벽면에는 동그랗거나 뾰족한 모양, 비스듬하거나 둥그런 형태의 장식이 있다. 몇몇 스쿠먼石庫門 위에는 작은 발코니 공간이 있다. 하지만 가장 볼만한 것은 뭐니 뭐니 해도 화려하게 꾸며진 장자 화원의 큰 뜰이다. 중국식 안마당과 나무로 만든 문, 서양식 문양이 새겨진 보도블록은 청대 말기 중국 부호들의 미적 감각을 그대로 드러낸다. 마침 골목길 위에는 몇몇 어르신이 모여 이야기를 나누거나 마작을 하며 시간을 보내고 있었다. 이 모습을 보고 있으니 마치 100년 전 골목 풍경을 그대로 재현해 놓은 듯했다.

징안 빌라는 장자 화원과는 달리 건축양식이 통일되어 있다. 마치 같은 틀에서 찍어 낸 것처럼 이곳의 스쿠먼은 엇비슷해 보인다. 1930년대 장제스蔣介石의 스승이었던 장징장張靜江의 집안사람이 상하이의 상즈자오上只角[1]에 징안 빌라를 건설했다고 한다. 하지만 금괴로 값을 치러야 할 만큼 임대료가 터무니없이 비쌌기 때문에 이곳에 입주한 사람 대부분은 상하이에 있는 외국인 회사에 다니는 화이트칼라들이었다.

장아이링張愛玲의 소설《색, 계色, 戒》에 나오는 '인도 보석가게'나 '시베리아 모피가게', '카이쓰링凱司令 카페'는 모두 난징시루 1025능弄 길가에 자리 잡고 있다. 특히 카이쓰링 카페는 수십 년 동안 단 한 번도 이전하지 않았다.

현재 이 골목 안을 돌아다니는 사람 대부분은 오래전부터 이곳에 살고 있던 주민들이다. 허리가 구부정한 할머니는 느릿한 발걸음으로 골목 안을 돌아다닌다. 안마당에서 한가롭게 얘기를 나누고 있는 할아버지들은 아마도 길가 골목에 있는 이발소나 과일 가게 주인일 것이다. 이들을 제외하면 삼삼오오 무리 지어 골목 안을 구경하는 관광객이나 난징루나 웨이하이루威海路로 가기 위해 가로질러가는 행인들뿐이다. 사람들로 붐비는 난징시루에 비해 이곳은 너무나도 고즈넉하다.

---

1  과거 상하이에서는 프랑스 조계지와 공동 조계지 서쪽 지역 대부분과 중부 지역을 '상즈자오'라고 하고, 중국인 거주지역과 기타 지역을 '샤즈자오下只角'라고 불렀다.

마지막으로 남은
골목 먹거리

# 눙탕 샤오훈툰

---

**弄堂小馄饨**
上海市静安区威海路718号
62154718

얼마 전까지만 해도 상하이 아이들은 골목길에서 군것질거리를 사 먹으며 자랐다. 골목에 있는 가게들은 대부분 허름했지만, 사람들의 마음속에는 아련한 추억으로 남아 있다.

골목길에서 파는 간식거리는 간단하게 한 끼를 때울 수 있을 뿐만 아니라 집 밖으로 몇 발자국만 나가면 바로 살 수 있어 더없이 편리했다. 게다가 이런 가게는 항상 정이 넘쳐흘렀다. 그리고 가게 주인이 이웃 주민이었기 때문에 찾아오는 단골손님의 식성을 잘 파악하고 있었다. 하지만 안타깝게도 이런 가게는 점점 줄어들고 있다. 현재 이 골목에 있는 눙탕 샤오훈툰도 마지막으로 남은 골목 점포 중 하나이다.

원래 이 가게는 징안 빌라 안에서 장사를 시작했다. 덕분에 아침마다 골목 안은 사람들로 북적였다. 그렇게 눙탕 샤오훈툰은 30여 년간 골목 안에서 맛있는 훈툰馄饨 냄새를 풍기며 장사했지만, 지금은 어쩔 수 없는 사정으로 골목 바깥쪽으로 옮기게 되었다. 하지만 다행스럽게도 훈툰의 맛은 여전하다.

수많은 골목 먹거리 중에서 가장 인기 있는 것을 꼽으라고 한다면 당연히 샤오훈툰小馄饨일 것이다. 특히 이곳의 훈툰 피는 주문 제작한 것이어서 일반적인 훈툰보다 훨씬 더 쫄깃하다. 안에 든 소도 직접 손으로 다져 만든 것이어서 먹으

면 부드러운 식감이 느껴진다. 이렇게 정성껏 만든 훈툰에 곰탕 국물만 끼얹으면 정통 샤오훈툰이 완성된다.

만약 여름에 이곳을 찾는다면 상큼한 맛이 나는 충유반몐蔥油拌面을 먹어보는 것도 괜찮다. 걸쭉한 파기름과 쫄깃한 쑤저우苏州 방식 면을 함께 비벼 먹으면 파기름 향이 입안 가득 느껴질 것이다. 기호에 따라 각종 고명도 얹어 먹을 수 있다. 파기름과 간장 소스의 향이 짙은 충유반몐은 맛도 상큼하고 산뜻해서 상하이 사람들이 즐겨 찾는 먹거리이다. 더운 여름철에 충유반몐 한 그릇만 먹으면 온종일 속이 든든하다.

이곳은 이른 아침에 판매를 시작해서 오전 9시 반쯤이면 바로 장사를 접는다. 그리고 오후 3시가 되면 다시 장사를 시작한다. 소문에 따르면 이 가게는 하루에 수천 그릇의 훈툰을 판매할 정도로 장사가 잘된다고 한다. 가게 인테리어는 그리 특별할 것이 없지만, 골목 가게 특유의 가족 같은 분위기가 느껴진다. 주인 할아버지는 훈툰을 만들다가도 손님이 오면 친근한 상하이 사투리로 반갑게 맞아 준다. 손님에게 말을 걸어 지루함을 느끼지 않게 해 주려는 듯하다. 연세가 지긋한 한 할아버지는 매일 판에 박힌 듯이 이곳에 찾아와 훈툰을 팔아 준다. 이곳에 오면 추억 속에 자리 잡고 있던 골목의 맛과 함께 사람들의 깊은 정을 느낄 수 있을 것이다.

100년 전통의
탕위안

## 메이신 뎬신뎬

美新点心店
上海市静安区陕西北路105号
62470030

메이신 뎬신뎬의 입구에 걸려 있는 현판을 자세히 살펴보면 이곳의 역사가 이미 100년을 훌쩍 넘었다는 사실을 알 수 있다. 이곳은 청대淸代에 개업한 전통 있는 가게로 한 세기 동안 수많은 변화를 겪은 끝에 지금은 국영 음식점이 되었다. 간판의 문자 도안이나 매장 안의 테이블과 의자, 벽에 걸린 구리 현판, 그리고 종업원들이 입고 있는 흰 가운에서 국영 음식점의 분위기가 물씬 풍긴다. 이곳은 인기가 꽤 많아서 음식을 먹으려면 십여 분 정도 줄을 서는 일은 다반사이다. 다른 국영 음식점보다 종업원들이 신속하게 움직이긴 하지만, 맛있는 음식을 맛보기 위해서라면 기다림은 필수이다.

이곳에서 사람들이 가장 많이 찾는 것은 역시 탕위안汤圆이다. 오후가 되면 고기나 참깨를 넣고 금방 만들어 낸 탕위안을 맛볼 수 있다. 하지만 더운 여름철에는 탕위안이 상하기 쉬워 한동안 판매하지 않는다.

메이신의 탕위안은 장난江南의 전통 조리법을 고수하고 있다. 돼지고기 소가 든 탕위안은 고기 맛이 강하게 날뿐만 아니라 국물도 굉장히 진하다. 더군다나 탕위안 피를 찹쌀로 만들었기 때문에 목 안에서 부드럽게 넘어간다. 참깨 소가

든 탕위안은 상하이에서 닝보寧波 탕위안이라고 불린다. 이것은 고기가 든 탕위안보다 조금 작다. 그리고 단맛이 강해서 주로 단 것을 좋아하는 사람들이 즐겨 찾는다. 달면서도 참깨의 고소한 맛이 느껴져 장난 음식 중에서도 꽤 독특한 맛이라고 할 수 있다. 이런 특이한 맛 때문에 오후가 되면 많은 사람이 이곳의 탕위안을 맛보기 위해 줄을 선다. 만약 여름철이어서 탕위안을 맛볼 수 없다면, 렁몐冷面이나 렁 훈툰冷馄饨[1]에 도전해 보자.

"이곳의 렁몐도 인기가 꽤 많아요."

종업원은 탕위안을 먹지 못해 허탕을 치게 된 손님들에게 렁몐을 자신 있게 추천한다. 이러한 자신감은 신선한 재료와 정통 렁몐 조리법에서 나오는 듯하다. 이곳에서는 면이나 다른 식재료를 모두 그날그날 즉석에서 만들어 면발의 쫄깃함이 오래 유지된다. 그뿐만 아니라 함께 곁들여 먹는 고명도 다양하다. 그중 새콤한 식초나 걸쭉한 땅콩소스를 뿌려 먹으면 더욱 맛있다. 이렇게 해서 렁몐은 여름철에 즐겨 찾는 상하이의 또 다른 인기 먹거리가 되었다.

---

1  차게 식힌 훈툰에 소스 등을 뿌린 요리이다.

꿈속에 나타난
아름다운 집

# **Moller** Villa

———

**马勒别墅**
上海市静安区陕西南路30号
62478881

Moller Villa는 지금까지 상하이 사람들의 마음속에 아름다운 풍경으로 남아 있어 그 앞을 지날 때마다 시선이 자꾸만 그쪽을 향하게 된다. 이곳은 삭막한 도시에서 환상 속의 작은 성처럼 순수함을 유지하고 있다.

속설에 따르면 이 건물을 짓게 된 계기는 꿈에서 비롯되었다고 한다. 꿈은 꾼 사람은 바로 건물 주인인 유대인 몰러Moller의 딸이었다. 이 말이 사실이라면 그녀는 정말 상상력이 풍부한 사람이다. 한 건축 전문가는 이 건물에 대해 이렇게 묘사했다.

"본관 남쪽에 수직으로 놓여 있는 세 개의 용마루[1] 디자인은 아름답고, 박공지붕[2]과 네 개의 지붕창 장식은 매우 정교하다. 그리고 동쪽과 서쪽에 우뚝 솟아 있는 사모지붕[3]이 함께 어우러져 마치 화려한 작은 궁전을 보는 듯하다. 또한, 중앙에 또렷하게 보이는 박공지붕 장식은 스칸디나비아풍의 시골 마을 같은 분위기를 풍긴다."

하지만 전문가가 아닌 일반인들이 이 건물을 보면 아마 북유럽 신화 속 궁전을 떠올릴 것이다. 건물의 아름다운 모습을 좀 더 자세히 살펴보려면 옌안루延安路에 있는 육교 위로 올라가면 된다. 육교 위에서 건물을 굽어보면 건물의 들쭉날쭉한 지붕 위로 햇볕이 내리쬐는 모습이 보일 것이다. 그리고 줄줄이 잇닿아 있는 지붕의 경사면은 마치 붉은 파도가 치는 것 같다. 이 장면을 본 관광객들은 하나같이 감탄을 금치 못하며 이렇게 말하곤 한다.

"이렇게 아름다운 건축이 어떻게 인간 세상에 만들어지게 되었을까?"

건물 입구에는 청동 말 동상이 세워져 있다. 반질반질하게 윤이 흐르는 이 청동 말은 마치 살아있는 것처럼 생동감이 있어 앞으로 달려 나갈 것만 같다. 들리는 말에 따르면 이 동상 바로 밑에는 몰러 집안의 경주용 말들이 묻혀 있다고 한다. 아마도 몰러 집안이 경마로 인해 상하이에서 성공 가도를 달리게 되었기 때문에 이렇게 공을 들여 추모하는 것 같다.

건물 안으로 들어서면 건물 구석구석에 있는 정교한 장식들이 몰러 집안의 옛 이야기를 들려주는 듯하다. 아마 대부분 해운업에 관한 이야기일 것이다. 해운업 역시 몰러 집안의 성공 기반이었기 때문이다. 그래서인지 통로에는 선박의 뱃전을 표현하기 위해 원형 창문을 잔뜩 설치했다. 그리고 나무 액자에 끼워진 그림에는 배의 키나 닻, 해초, 파도, 해상 일출, 등대, 뱃일하는 모습 등 바다와 관련된 풍경들이 걸려 있다. 그뿐만 아니라 티크Teak 재질의 바닥재에도 해초나 다시마 등의 해양 식물 도안이 그려져 있어 보는 사람의 감탄을 자아낸다.

돔형 천장을 살펴보면 스테인드글라스를 통해 투과된 햇빛이 컬러풀한 색감을 만들어 이곳의 몽환적인 분위기를 더하고 있다. 당시 몰러도 아름다운 천장 장식을 바라보며 사업을 어떻게 발전시킬지 구상을 했을지도 모른다. 하지만 안타깝게도 그의 꿈은 그리 오래가지 않았다. 건물이 완공되고 얼마 지나지 않아 전쟁이 발발하여 그의 조선소와 해운업이 중단되었기 때문이다. 몰러 역시 일본군 수용소에 갇히게 되면서 역사의 뒤안길로 사라지고 말았다. 결국 지금은 이 건축물만 남아 돔형 천장을 통해 몽환적인 빛을 발산하고 있을 뿐이다.

---

*1*  지붕 맨 위에 지붕면이 만나는 부분이다.
*2*  책을 펼쳐서 엎어놓은 모양을 한 지붕이다.
*3*  사면의 처마가 중앙의 정상부로 솟아오르게 지어진 지붕이다.

고층빌딩 사이에 자리 잡은
문학의 상징

# **창더** 아파트

———

常德公寓
上海市静安区常德路195号

징안쓰静安寺의 가장 번화한 상업지구 내에는 한 오래된 건축물이 독특한 자태를 뽐내며 사람들의 시선을 사로잡고 있다. 그곳은 바로 창더루常德路에 있는 창더 아파트이다. 건물의 선이 다채롭고 디자인이 아름다운 이 아파트는 많은 문학청년의 관심 대상이 되었다. 왜냐하면, 70~80년 전에 작가 장아이링张爱玲이 이곳에 살았기 때문이다.

창더 아파트는 난징시루南京西路와 창더루가 교차하는 곳에 우뚝 서 있다. 주변에 현대적인 오피스 빌딩과 화려한 쇼핑몰이 잔뜩 들어서 있어 홀로 남겨진 듯한 이 낡은 건물에서는 꽤나 예술적인 분위기가 느껴진다. 또한, 건물 중앙에 있는 수직 형태의 건축 디자인과 가로로 놓인 돌출된 발코니는 묘한 대비를 이루고 있다.

창더 아파트의 원래 이름은 아딩둔 아파트爱丁顿公寓 혹은 아이린덩 아파트爱林登公寓이다. 1930년대에 이탈리아인 에딩턴Eddington이 출자해서 지은 아파트이기 때문에 당시에는 그의 이름을 따서 아파트의 이름을 지었다. 준공된 후에는 주로 상류층 사람들이 거주하는 고급 아파트가 되었는데, 그중에서 가장 유명한 사람이 바로 장아이링이다. 작가 위추위余秋雨는 장아이링을 기념하기 위해 건물 앞 현판에 이런 글을 써서 헌정하기도 했다.

常 德 公 寓
195

"현대 작가 장아이링은 일찍이 이곳에서 6년이 넘는 시간을 머물렀다. 첫 번째로 머문 것은 1939년으로 어머니와 고모가 함께였다. 후에 홍콩으로 유학을 떠났다가 1942년에 돌아오면서 다시 이곳에 머물게 되었다. 이때는 고모와 단둘이서 1947년 9월까지 살았다. 장아이링은 그녀의 삶을 통틀어 가장 중요한 소설 몇 편을 이곳에서 집필하였다. 따라서 이곳은 중국 현대 문학 역사상 가장 기억할 만한 한 페이지를 장식했다고 할 수 있다."

여성 작가 천단옌陈丹燕의 《상하이의 풍화설월上海的风花雪月》에도 장아이링이 살았던 아파트에 대해 묘사하는 부분이 있다.

"장아이링이 살던 집은 시끌벅적한 교차로에 자리 잡고 있었다. 그곳은 오래된 아파트였다. 곱게 단장한 여성의 매끈한 피부처럼 살굿빛을 띠고 있는 이 건물은 북적이는 상하이 도심 속에서 맑은 날이지만 파랗지만은 않은 하늘 아래에 우뚝 솟아 있었다."

날이 좋을 때면 이 아파트의 명성을 듣고 구경하기 위해 찾아오는 사람이 꽤 많다. 하지만 출입구는 항상 굳게 닫혀 있고, 문 위에는 참관을 사절한다는 메모

가 붙어 있다. 만약 운이 좋아 건물 안으로 들어갈 수 있다면 구식 엘리베이터를 타고 6층으로 올라가 보자. 그곳에는 장아이링의 소설 《경성지련倾城之恋》처럼 그녀와 남편 후란청胡兰成의 여운이 느껴질 것이다. 하지만 소설 속에서 묘사한 것처럼 이제 더는 문 앞에서 물이 새지도 않고, 지붕의 낙숫물을 받으며 노는 아이도 없다. 인력거와 새하얀 안개에 뒤덮인 해자垓字[2]도 이미 사라져 버린 추억이 되었다.

이처럼 장아이링이 글로 묘사한 수많은 광경은 다시 볼 수 없지만, 그녀의 정취만은 여전히 남아 있다. 건물 1층에 문학적인 분위기가 물씬 풍기는 카페가 바로 그것이다. 재미있게도 카페 이름마저 'Book·Café'이다. 이곳은 이름에 걸맞게 카페에 앉아 있는 사람 대부분이 책을 읽고 있다. 향이 짙은 커피를 옆에 두고 오후 햇살을 받으며 느긋하게 여유를 즐기고 있는 듯하다. 아마 장아이링도 이런 편안하고 한가로운 오후를 보내지는 못 했을 것이다.

1 중국 근대 격동기 여성의 삶을 묘사한 장아이링의 대표 소설이다.
2 성곽이나 고분을 둘러싼 도랑이다.

맛의 균형을 이룬
커피

# **Seesaw** Coffee

———

上海市静安区愚园路433号
징안 디자인센터静安设计中心 내
52047828

Seesaw는 상업적인 분위기가 가득한 징안쓰静安寺에 문을 열긴 했지만, 중심가에서 조금 벗어난 주택가에 있어 위치가 썩 좋은 편은 아니다. 하지만 불리한 입지에도 불구하고 품질 좋은 커피를 만들어 명성을 얻었다.

이곳의 주인은 꿈 많은 젊은 청년들로 멋진 카페를 열겠다는 일념으로 2011년에 커피 사업에 뛰어들었다. 당시 그들은 글로벌 500대 기업에 속하는 좋은 직장까지 그만둔 채 커피 전문가들을 찾아다니며 열심히 커피를 연구했다. 그 덕분에 이 젊은 청년들은 상하이에 'Seesaw Coffee'라고 하는 명품 카페를 오픈하게 되었다.

그들은 위위안루愚园路의 한 골목에 1호 점포를 열었다. 어두침침한 길을 지나 끄트머리에 다다를 때쯤이면 Seesaw가 보인다. 어느 빌딩 안에 입점해 있는 매장의 절반은 정원처럼 꾸며져 있다. 위쪽 공간이 뻥 뚫려 있는 데다가 건물 천장이 유리로 되어 있어 시야가 탁 트인다. 이 야외 테라스 같은 공간에는 테이블과 의자 몇 개가 대충 놓여 있다. 이곳에 앉으면 따사로운 햇살 아래에서 커피를 마시며 얘기를 나눌 수 있다. 바로 옆에 있는 오픈형 커피 조리대에는 젊은 바리스타 몇 명이 질서정연하면서도 바쁘게 움직이고 있다.

Seesaw에는 항상 즐거운 분위기가 넘쳐흐른다. 이런 좋은 느낌은 커피에 대한 이곳만의 고집스러운 연구와 체험을 통해 만들어진 자신감이라고 할 수 있다. 이곳의 커피는 세계 각국의 주요 커피 생산지에서 직접 공수해 온 것이라고 한다. 그뿐만 아니라 커피 원두도 매장에서 직접 로스팅한다. 여기서 로스팅은 'Seesaw'라는 이름처럼 가장 완벽한 커피 맛의 균형을 찾아내는 것을 말한다. Seesaw는 오랜 연구 끝에 시고, 달고, 쓰고, 향긋하고, 진한 맛 속에서 커피 원두의 최적화된 균형점을 발견했다. 그리고 원두마다 다른 맛이 나서 손님들은 자신의 기호에 맞는 커피를 골라 마실 수 있다. 또한, 커피 원두를 2주 이내에 모두 소비하기 때문에 항상 신선한 커피를 제공한다.

카페라테나 카페모카를 주문하면 커피 위에 예쁜 라테아트를 그려 줘서 보는 재미도 쏠쏠하다. 그리고 커피와 관련된 자체 개발 상품도 판매한다. 커피 마니아들을 위한 커피 바리스타 과정도 개설해 커피를 좋아하는 사람들의 발길이 끊이지 않는다.

나는 매장 밖으로 나와 다시 한번 카페 쪽을 바라보았다. 유리 천장을 통해 들어온 따사로운 햇살 아래에서 향긋한 커피를 마시는 사람들의 얼굴에는 온화한 미소가 가득했다.

유대인 거상의
화려한 대리석 궁전

## 중국 복지회 소년궁
# 카두리 고택

中福会少年宫嘉道理旧宅
上海市静安区延安西路64号
62481850

중국 복지회 소년궁은 아이들이 가장 가 보고 싶어 하던 어린이 낙원이었다. 비록 지금은 휴대폰이나 게임기로 인해 선망의 대상에서 밀려나게 되었지만, 소년궁은 여전히 같은 자리에서 찬란한 빛을 발산하고 있다.

원래 이곳은 유대계 거상 카두리Kadoorie의 주택이었다. 그는 1920년대에 자신의 부를 과시하기 위해 고국의 화려한 건축양식을 상하이 땅에 들여와 호화로운 주택을 건설하려고 했다. 마침내 그의 염원대로 새하얀 이탈리아산 대리석이 바다를 건너, 멀고 먼 상하이에 도착해 궁전을 장식하게 되었다. 그래서 상하이 사람들은 이곳을 '대리석궁'이라고 부르기도 한다. 소년궁 곳곳에 있는 구릿빛 문미門楣, 화려한 금박 장식, 간결한 문양의 석고 장식, 마호가니Mahogany 바닥재 등을 보면 화려했던 과거 모습을 짐작할 수 있다.

궁전 내부는 더욱 화려해서 놀라울 따름이다. 우아한 부조 장식이 건물 기둥을 감싸고 있고, 높은 천장에는 화려한 석고 장식이 가득하다. 그리고 출입문과 창문에는 묵직해 보이는 철제 장식이 있고, 벽면에 설치된 벽난로는 화려한 옛 모습을 그대로 유지하고 있다. 건물은 전체적으로 화이트, 그린, 블루로 장식되어 귀족적이면서도 독특한 분위기가 느껴진다.

소년궁 내부 홀 면적은 400 $m^2$에 달한다. 넓은 홀 내부에는 황실 분위기가 물씬 풍기는 꽃무늬 장식, 벽난로 기둥 위의 정교한 조각 장식, 웅장하면서도 화려한 크리스털 샹들리에 등이 있는데 이것만 봐도 당시 유럽의 호화로운 미적 감각을 짐작할 수 있다. 이 홀은 800명을 너끈히 수용할 수 있을 정도로 넓다. 과거에 카두리가 이곳에서 무도회를 열었을 때, 한꺼번에 100여 명의 사람이 홀에서 춤을 추었다고 하니 그 모습이 얼마나 화려했을지 상상할 수 있다. 아마 당시 무도회 참석자 중에는 쑹칭링宋庆龄도 있었을 것이다. 아무튼 그녀도 이곳이 무척 마음에 들었던 것 같다. 왜냐하면, 신중국 설립 이후 그녀가 홍콩에 있는 카두

리에게 직접 전화를 걸어서 이곳을 중국 복지회 본부로 빌려 쓸 수 없겠냐고 간절하게 물어보았기 때문이다. 로렌스 카두리Lawrence Kadoorie는 1979년에 상하이로 돌아와 이렇게 말했다고 한다.

"집에 친구를 초대하는 것을 좋아하셨던 제 부친 덕분에 이 대리석 궁전은 세계 각국에 있는 친구들 사이에서 꽤 유명해졌습니다. 세월이 흐른 지금, 부친이 특별히 아꼈던 이곳을 수천 수만의 아이들이 사용할 수 있게 되어 무척 기쁩니다. 아이들이 아름다운 이곳에서 신나게 뛰놀 수 있다면 저는 그것으로 만족합니다."

만약 이곳에 올 기회가 생긴다면 아이들과 함께 오는 것이 좋을 것이다. 그것이 바로 카두리가 이 집을 개방한 목적이기 때문이다.

반얀 나무 아래의
품격 있는 찻집

# 츠차취

———

喫茶去
上海市静安区巨鹿路796弄
62092690

상하이에서 반얀 나무는 흔치 않다. 츠차취[1]의 주인은 가게 부지를 보러 다닐 때
이곳 입구에 반얀 나무가 서 있는 것을 보고는 홀딱 반했다고 한다. 마침내 그는
이곳을 선택했고 쥐루루巨鹿路에는 고즈넉한 찻집 하나가 들어서게 되었다.

츠차취의 고풍스러운 나무문을 열고 안으로 들어서면 아담한 정원이 작은 건물을 에워싸고 있는 것이 눈에 띌 것이다. 초록빛 정원의 아름다운 모습을 느긋하게 감상하며 지나가면 들뜬 마음이 이내 차분해지기 시작한다. 이곳의 고즈넉한 분위기가 마음을 평온하게 만드는 듯하다.

찻집 내부로 들어서자마자 그윽한 차 향기가 코끝을 찌른다. 주변을 살펴보면 대나무 차반茶盤 위에 놓인 홍차, 종이에 싸여 있는 보이차, 차 상자 안에 담긴 녹차 등 다양한 차가 시야에 들어온다.

찻집 주인은 손님의 기호에 맞게 유명한 차들을 모두 구해 두었다. 대부분은 주인이 직접 산지로 찾아가 엄선한 것들이다. 주인이 보이차와 홍차를 좋아해서인지 이 두 종류의 차가 비교적 완벽하게 갖춰져 있다. 군데군데 오래된 것 같이 해묵은 차들도 보이는데, 아마 인연이 있는 주인을 만나지 못한 탓인 듯하다. 때로는 간단하게 마시는 차조차 자신에게 맞는지 깐깐하게 따져 보고 고르는 사람이 있기 때문이다.

장난江南 스타일로 꾸며진 정원을 지나 찻집 안으로 들어서면 판도라의 상자가 열린 듯한 느낌이 든다. 눈앞에 온갖 신기한 다기茶器가 펼쳐져 있어 신기할 따름이다. 둥근 것, 네모난 것, 검푸른 것, 도자기처럼 새하얀 것 등 디자인과 색깔이 무척 다양하다. 그리고 청화자기 찻잔, 찻주전자, 차단지 등 크고 작은 것들이 오밀조밀하게 진열되어 있다. 이곳의 그릇 대부분은 도자기 산지로 유명한 징더전景德鎮의 공예 장인이 직접 만든 것이라고 한다. 그래서인지 도자기에서 현대적이면서 고풍스러운 청취가 묻어나는 것 같다.

차와 다기가 진열된 곳 뒤쪽에는 단아하게 꾸며둔 공간이 있다. 이곳 말고도 2층으로 올라가면 더 넓고 안락한 다실茶室이 있다. 높이 치솟은 천장 덕분에 시선이 탁 트이고, 격자창 바깥쪽에는 오동나무의 짙푸른 그림자가 어른거린다. 그리고 잘 정돈된 나무 테이블과 의자, 단아해 보이는 다기에서는 차분한 참선의 정취가 비친다.

마침 나무 창문을 통해 들어온 햇살 아래에서 다도 전문가가 차를 끓이고 있었다. 희뿌연 수증기가 뭉게뭉게 피어오르자, 그윽한 차 향기가 공기 중에 가득 차오르기 시작했다. 손님들은 느긋한 손길로 찻잔을 들어 올려 입술에 살짝 대고 차 맛을 음미했다. 그리고는 잔을 내려놓고 옆 사람과 낮은 목소리로 속삭이듯 대화를 주고받았다. 그러다가 목이 마르면 다시 잔을 들고 차 한 모금을 마셨다. 따사로운 분위기가 가득한 이곳의 차 향기는 사람들에게 긴 여운을 남겨 주는 듯했다.

*1* 차를 선禪의 경지로 끌어올린 당대唐代 한 고승이 한 말로 '차나 한잔 마시고 가라'는 뜻이다.

홍콩에서 전해진
전통의 맛

## 뎬처잔

Tramway

———

电车站
上海市静安区富民路205号
54034913

상하이에는 한때 홍콩 음식 붐이 일기도 했다. 홍콩 음식이 상하이 사람들의 입맛에 제법 맞았기 때문이다. 하지만 간편하게 먹을 수 있는 정통 홍콩 음식점은 찾아보기 힘들다. 그래서 상하이에서 근무하던 세 명의 홍콩 언론업계 종사자들은 힘을 합쳐 이곳에 홍콩의 먹거리를 들여오자고 결심하게 되었다. 오랜 연구 끝에 그들은 푸민루富民路에 홍콩식 간이 식당을 열었는데, 그 덕분에 전통 있는 홍콩 음식을 상하이의 오동나무 아래에서 맛볼 수 있게 되었다. 그들이 지은 가게 이름은 바로 '덴처잔'이다.

덴처잔의 매장은 너무 작아서 네다섯 명이 한꺼번에 들어오면 가게 안이 꽉 찬다. 매장 인테리어는 심플하면서도 고풍스러워 홍콩 거리에 있는 구멍가게를 연상시킨다. 길가 쪽 벽면은 통유리창로 되어 있어 날이 좋으면 매장 안으로 따뜻한 햇살이 가득 들어온다.

오전 시간대의 푸민루는 고즈넉할 정도로 조용하다. 근처에 있는 고급 레스토랑이나 주점이 아직 영업을 시작하지 않았기 때문이다. 하지만 덴처잔은 이른 아침부터 맛있는 냄새를 풍기며 사람들의 후각을 자극한다. 맛있는 냄새의 주인공은 바로 덴처잔의 대표 메뉴인 루웨이鹵味[1]이다.

"뭘 끓이는 건가요?"

길을 지나던 한 아주머니는 맛있는 냄새에 이끌려 가게 안으로 들어오면서 물었다. 그녀는 정체를 확인한 후에 루웨이를 사 가려고 했지만 30분이나 더 기다려야 했다. 왜냐하면, 이곳은 당일 조리, 당일 판매를 원칙으로 하기 때문에 만드는 데 시간이 좀 걸리기 때문이다.

가게 주인 모트Mott는 차오저우潮州[2] 사람인 탓에 그 지역의 방식으로 루웨이를 만든다. 하지만 어머니 세대의 전통 차오저우식 조리법에 자신만의 비법을 더했기 때문에 현대 도시인의 입맛에도 잘 맞는다. 모트의 말에 따르면 이곳에서는 대창 루웨이가 가장 잘 팔린다고 한다. 대창으로 만든 루웨이는 향이 짙고 식감이 부드러우면서 쫄깃하다. 그리고 소스와 대창 본연의 맛이 잘 어우러져 많은 사람이 즐겨 찾는다고 한다. 그래서인지 이곳의 루웨이는 오후 3시쯤이면 다 팔려 버릴 정도로 인기가 많다.

그뿐만 아니라 뎬처잔의 지단짜이鸡蛋仔[3]도 사람들이 즐겨 찾는 메뉴 중 하나이다. 지단짜이는 다 만든 후에 바람이 잘 통하는 곳에서 한 김을 빼는 것이 중요하다. 그래서 이곳의 종이봉투에는 구멍이 뚫려 있다. 이렇게 해야 지단짜이의 바삭한 식감이 오래 유지된다고 한다. 이런 지단짜이는 요즘 홍콩에서도 찾아보기 힘든 귀한 먹거리이다.

또 다른 메뉴인 거쯔빙格子饼은 와플이다. 하지만 안에 땅콩을 다져 넣은 땅콩 소스와 연유가 들어가 훨씬 더 부드럽고 맛있다. 땅콩의 고소한 맛과 연유의 달콤한 맛이 입안에서 어우러져 맛을 더욱 풍성하게 만들기 때문이다.

뎬처잔은 규모는 작지만 다양한 홍콩식 먹거리와 음료를 대중에게 선보인다. 향이 짙은 밀크티, 달콤한 탕수이糖水[4], 먹음직스러운 프렌치토스트 등 없는 게 없을 정도이다. 가게 앉아 오랜만에 홍콩식 먹거리를 맛보면 마치 홍콩의 도심에 와 있는 듯한 느낌이 든다.

---

1  간장, 소금, 오향 등을 넣고 삶은 냉채이다.
2  중국 광둥성广东省 동부에 있는 도시이다.
3  계란판처럼 생긴 계란빵의 일종이다.
4  전통 광둥식 먹거리로 주로 단맛이 나는 디저트류를 말한다.

생활의 본질을
추구하는 곳

# **Essence** Casa

———

上海市静安区巨鹿路812号
32532962

쥐루루巨鹿路에 가면 화려하고 생기 넘쳐 보이는 어느 가게의 쇼윈도가 눈에 띌 것이다. 쇼윈도 안에 빨강, 하양, 노랑, 분홍 등 색색의 물건이 진열되어 있다. 그뿐만 아니라 쇼윈도 안에는 장미, 튤립, 물망초, 안개꽃 등 알록달록한 꽃들이 가득 놓여 있어 마치 아담과 이브의 에덴동산을 연상시킨다. 이것이 바로 Essence Casa에 대한 첫인상이다.

"꽃 한 다발만 포장해 주시겠어요?"

상하이에 놀러 온 류㬠 씨 성의 한 여성도 아름다운 꽃에 이끌려 가게 안으로 들어왔다. 꽃 포장을 기다리던 그녀는 잠시 가게 안을 둘러보다가 가게 안쪽에 있는 예쁜 옷들을 발견하고는 그제야 이곳에서 의류나 장신구도 판매한다는 사실을 알게 되었다.

"우리는 의류, 소품, 꽃을 주로 판매하고 있어요. 가게 이름처럼 생활의 본질을 추구하는 게 우리의 목표에요."

가게 주인인 리민李敏은 자신의 가게를 자랑스럽게 소개했다. 이곳은 쥐루루에 제일 먼저 입점한 가게 중 하나이다. 그 덕분에 그녀는 주변이 번화한 상가 거리로 발전하는 모습을 고스란히 지켜보았다. 시간이 흐름에 따라 주변 점포는 계속 바뀌었지만, Essence Casa만은 같은 자리를 지키며 초심을 유지하고 있다.

처음 이곳은 직접 디자인한 개성 있는 가구를 판매했다. 하지만 공간에 제약이 생기자 업종을 의류와 화훼로 변경했다. 이곳에서 사람들의 시선을 가장 많이 끄는 곳은 앞서 말한 쇼윈도라고 할 수 있다. 원래 이곳은 작은 정원이었다. 후에 주인이 투명한 유리창을 둘러서 작은 현관처럼 보이게 꾸몄다. 이렇게 만든 덕분에 거리를 지나다니는 사람들도 안을 훤히 들여다볼 수 있게 되었다.

유리로 둘러싸인 쇼윈도 공간은 꽃으로 가득해 온실처럼 보인다. 그 안에는 세계 각국에서 수입한 화초뿐만 아니라 드라이플라워도 있다. 유통기한이 지난

꽃들을 이곳에서 직접 드라이플라워로 만들어 판매하는 것이다. 그러고 보니 마치 꽃의 수명을 이곳에서 연장해 주고 있는 듯하다.

화려한 온실 뒤편에는 개인 디자이너가 만든 옷과 소품들이 진열되어 있다. 이곳은 생활의 본질을 추구하기 위해 의류와 소품을 만들 때 대부분 천연 재료를 사용한다. 그중에서도 가장 많이 사용하는 것이 면, 마, 견사이다. 이런 유기농 제품들이 아름다운 꽃과 드라이플라워, 원목이나 철제 가구들과 어우러져 생활의 본질을 추구할 수 있는 공간이 만들어진 듯하다.

가게 주인 리민은 상냥하면서도 고상한 성격에 걸맞게 환경보호를 주장하는 사람이다. 그녀는 가게에도 환경보호 방식을 도입해 손님들에게 안전한 유기농 제품을 선보이고 있다. 무기화합물 사용을 줄여 함께 본연의 세상으로 돌아가자는 것이 그녀가 추구하는 바이다.